気体エレクトロニクス

工学博士　金田　輝男　著

コロナ社

は　し　が　き

　今から100年ほど前に，真空放電の研究を通して電子が発見されて以来，電子が真空中でどのような性質をもつかという問題は，物理学上の興味の対象として研究され，電子物理学が誕生した。また，一方において，人類は太古の昔より雷現象にふれており，雷をはじめとする大気中の放電現象や，低ガス圧中の放電現象のように，電子が気体中でどのような性質をもつかという問題を解決する必要性から，放電物理学が誕生した。やがて，これらの研究が進むにつれ，真空中や気体中の光学的性質や，電気的性質が明らかにされると，それらの性質が工学上非常に役に立つことがわかり，気体電子工学（気体エレクトロニクス）へと発展した。

　電子物理学を応用した装置としては，ブラウン管，光電子増倍管，マグネトロン，電子顕微鏡などがあげられる。一方，放電物理学を応用した装置としては，各種照明用光源，ガスレーザ，プラズマディスプレイ，核融合装置があげられる。したがって，これらの電子装置の動作を理解するためには，それらの動作の基礎となる真空中や気体中での電子の振舞いについて，十分理解しておくことが必要である。さらに，高電圧機器や送電線の絶縁破壊現象も放電現象であるため，それらの破壊を防止するためにも放電物理学を十分に理解する必要がある。本書は，これらの真空および気体中の電子の振舞いとその応用という立場からそれらをまとめて「気体エレクトロニクス」と呼び教科書用にまとめたものである。

　電気工学，通信工学，電子工学を学ぶ学生にとって，これらの科目は，従来，電子物理学，真空工学，気体放電現象など，独立に半期1コマで講義する大学が多かったが，最近，コンピュータを始めとする情報関連の科目や，半導体関連の科目が増えてきたため，上記の分野を「気体エレクトロニクス」とし

て，半期用にまとめた。

　なお，本書をまとめるにあたり，元日電アネルバ常務取締役小林春洋博士には，全文を御通読頂き，懇切なる御指導を頂いた。元名古屋工業大学教授細川辰三氏には放電現象の分野で貴重なアドバイスを頂いた。ここにこれらの諸氏に心より感謝する次第である。また，本書を出版するにあたり，コロナ社には大変お世話になりました。なお，本書の原稿や図面の作成には，本学大学院生後藤和裕君および本学学生山本晃生君，河野義之君の御協力を頂いた。ここでこれら諸氏に深く感謝致します。

　2002年11月

著　者

本書で使用するおもな記号一覧

a	アボガドロ数，電離能率曲線の初期勾配，吸収係数，音速	m	質量
a_0	ボーア半径	m_e	電子の質量
B	磁束密度	m_+	イオンの質量
c	光速度	n_0	中心軸上電子密度
D	拡散係数，透過係数	n_e	電子密度
D_a	両極性拡散係数	n_g	分子密度
D_e	電子の拡散係数	n_+	イオン密度
D_+	イオンの拡散係数	P_{ex}	励起確率
d	距離	P_i	電離確率
E	電界の強さ，エネルギー	p	圧力，運動量
E_r	径方向電界	Q	電荷，全衝突断面積
E_z	軸方向電界	Q_i	全電離断面積
e	電子の電荷，放射能	R	気体定数
f	衝突損失係数	R_H	リュードベリ定数
F	力	r	半径
$F(v)$	速度分布関数	S_e	衝突能率
h	プランク定数，付着確率	S_i	電離能率
I	電流	T	温度，周期
I_e	電子電流	T_e	電子温度
J	電流密度	T_g	気体温度
$J_0(x)$	零次のベッセル関数	T_+	イオン温度
J_e	電子電流密度	u	速度
J_+	イオン電流密度	V	電位，電位差，電圧，体積
k	ボルツマン定数	V_i	電離電圧
K_1	万有引力定数	v	速度
M	マッハ数	v_a	両極性拡散速度
M^*	準安定状態の原子	v_D	拡散速度
		v_d	移動速度

本書で使用するおもな記号一覧

v_p	最大確率速度	λ_+	イオンの平均自由行程
$\bar{v}$	平均速度	μ	移動度，吸収係数
W_k	運動エネルギー	μ_e	電子の移動度
W_p	ポテンシャルエネルギー	μ_+	正イオンの移動度
Z_0	初期電子数	μ_-	負イオンの移動度
α	加速度，衝突電離係数，再結合係数	ν	振動数，衝突頻度
β	付着係数	ν_i	電離周波数
γ	二次電子放出係数	ξ	変位
δ	二次電子放出比	ρ	電荷密度
ε	運動エネルギー	σ	シュテファン・ボルツマン定数，衝突断面積
ε_0	真空中の誘電率		
θ	角度	σ_g	分子の衝突断面積
λ	波長，平均自由行程	σ_{ex}	励起断面積
λ_0	限界波長	σ_{exT}	全励起断面積
λ_D	デバイ距離（デバイ半径）	σ_i	電離断面積
λ_e	電子の平均自由行程	ϕ	仕事関数
λ_g	分子の平均自由行程	ω	角速度，角周波数

目　　　次

1. 序　　　論

1.1 概　　説 ·· *1*
1.2 気体エレクトロニクスと電子工学 ································ *1*
1.3 電子物理学の誕生 ·· *2*
1.4 放電物理学の誕生 ·· *8*
1.5 気体エレクトロニクスの発展 ·· *11*

2. 静電気の基本則

2.1 概　　説 ·· *15*
2.2 クーロンの法則 ··· *15*
2.3 電界の強さ ··· *17*
2.4 電位と電位差 ·· *19*
2.5 ガウスの定理 ·· *21*
2.6 電位の傾き ··· *23*
2.7 ポアソンの式，ラプラスの式 ·· *24*

3. 電　　　子

3.1 概　　説 ·· *26*
3.2 比電荷の測定 ·· *26*

3.3 電子の電荷 ……………………………………………… 30
3.4 電子の質量 ……………………………………………… 32
3.5 電子の大きさ …………………………………………… 34
3.6 電子の波動性 …………………………………………… 35
   3.6.1 ラムザウアー効果 ………………………………… 35
   3.6.2 ド・ブロイ波 ……………………………………… 37

4. 熱放射と光量子

4.1 概　　　説 ……………………………………………… 39
4.2 熱　放　射 ……………………………………………… 39
4.3 放射と吸収 ……………………………………………… 40
4.4 温度一定の容器の熱放射 ………………………………… 41
4.5 キルヒホッフの法則 ……………………………………… 42
4.6 空　洞　放　射 …………………………………………… 43
4.7 ウィーンの変位則 ………………………………………… 44
4.8 プランクの量子仮説 ……………………………………… 45

5. 原子の構造

5.1 概　　　説 ……………………………………………… 48
5.2 原　　　子 ……………………………………………… 48
   5.2.1 原子核の構造 ……………………………………… 49
   5.2.2 原子核の質量 ……………………………………… 49
   5.2.3 同位元素 …………………………………………… 49
   5.2.4 質量数 ……………………………………………… 50
5.3 核　外　電　子 …………………………………………… 51
5.4 原　子　模　型 …………………………………………… 54
   5.4.1 トムソンと長岡の原子模型 ……………………… 54

  5.4.2 ボーア模型 ……………………………………………… 56
5.5 最外殻電子 …………………………………………………………… 59

6. 電子放出

6.1 概　　説 …………………………………………………………… 60
6.2 仕事関数 …………………………………………………………… 60
6.3 熱電子放出 ………………………………………………………… 62
  6.3.1 純金属陰極 ……………………………………………… 62
  6.3.2 単原子層陰極 …………………………………………… 63
  6.3.3 酸化物陰極 ……………………………………………… 65
  6.3.4 サプライ陰極 …………………………………………… 66
  6.3.5 ショットキー効果 ……………………………………… 67
6.4 光電子放出 ………………………………………………………… 68
  6.4.1 光電子放出現象 ………………………………………… 68
  6.4.2 限界波長 ………………………………………………… 69
  6.4.3 量子効率 ………………………………………………… 70
  6.4.4 光電面 …………………………………………………… 72
6.5 二次電子放出 ……………………………………………………… 73
  6.5.1 二次電子放出率 ………………………………………… 73
  6.5.2 二次電子のエネルギー分布 …………………………… 74
  6.5.3 光電子増倍管 …………………………………………… 75
6.6 電界放出 …………………………………………………………… 76

7. 真空中の電子の運動

7.1 概　　説 …………………………………………………………… 78
7.2 真空技術 …………………………………………………………… 78
  7.2.1 真空ポンプ ……………………………………………… 79
  7.2.2 真空度の測定 …………………………………………… 81

 7.2.3　真空技術の応用 …………………………………… 84
7.3　電界中の電子の運動 ……………………………………… 84
7.4　磁界中の電子の運動 ……………………………………… 87
7.5　電界・磁界中の電子の運動 ……………………………… 88
7.6　電 子 レ ン ズ ……………………………………………… 92
 7.6.1　静電レンズ …………………………………………… 92
 7.6.2　磁気レンズ …………………………………………… 97

8. 電子ビーム

8.1　概　　　説 ………………………………………………… 100
8.2　電　子　銃 ………………………………………………… 100
8.3　ブラウン管オシロスコープ ……………………………… 102
 8.3.1　静電偏向形ブラウン管オシロスコープ …………… 102
 8.3.2　電磁偏向形ブラウン管オシロスコープ …………… 106
8.4　電 子 顕 微 鏡 ……………………………………………… 109
8.5　電子ビームの吸収 ………………………………………… 110
8.6　電子ビーム加工 …………………………………………… 112
8.7　X　線　放　射 …………………………………………… 114
8.8　電子ビームによる排ガス処理 …………………………… 116
8.9　電子ビームによる表面処理 ……………………………… 118

9. 気体放電の基礎

9.1　概　　　説 ………………………………………………… 120
9.2　気体分子運動論 …………………………………………… 120
 9.2.1　気体の特性方程式 …………………………………… 120
 9.2.2　分子の速度分布関数と平均速度 …………………… 121

9.2.3　衝突断面積 ………………………………………… *123*
　　9.2.4　衝突頻度 …………………………………………… *124*
　　9.2.5　平均自由行程 ……………………………………… *125*
9.3　粒子の衝突過程 …………………………………………… *126*
　　9.3.1　弾性衝突 …………………………………………… *126*
　　9.3.2　非弾性衝突 ………………………………………… *128*
9.4　電　　　離 ………………………………………………… *129*
　　9.4.1　電離過程 …………………………………………… *129*
　　9.4.2　衝突電離 …………………………………………… *130*
　　9.4.3　光　電　離 ………………………………………… *134*
　　9.4.4　熱　電　離 ………………………………………… *135*
9.5　励　　　起 ………………………………………………… *135*
　　9.5.1　励起過程 …………………………………………… *135*
　　9.5.2　準安定状態 ………………………………………… *137*
　　9.5.3　ペニング効果 ……………………………………… *139*
9.6　再結合と付着 ……………………………………………… *140*
　　9.6.1　再　結　合 ………………………………………… *140*
　　9.6.2　付　　　着 ………………………………………… *141*
9.7　移　動　度 ………………………………………………… *142*
9.8　拡　　　散 ………………………………………………… *144*

10. 気体の絶縁破壊・コロナ放電

10.1　概　　　説 ………………………………………………… *147*
10.2　放電の開始 ………………………………………………… *147*
　　10.2.1　暗　　　流 ………………………………………… *147*
　　10.2.2　火花条件 …………………………………………… *150*
　　10.2.3　パッシェンの法則 ………………………………… *152*
10.3　コロナ放電 ………………………………………………… *154*
　　10.3.1　コロナ放電の種類 ………………………………… *154*

x 目 次

  10.3.2　陰極コロナ ………………………………………………… *155*
  10.3.3　陽極コロナ ………………………………………………… *156*
 10.4　コロナ放電の応用 ……………………………………………… *157*
  10.4.1　静電粉体塗装 ……………………………………………… *157*
  10.4.2　電子複写機 ………………………………………………… *158*
  10.4.3　電気集塵装置 ……………………………………………… *159*
  10.4.4　オゾナイザ ………………………………………………… *160*

11. グ ロ ー 放 電

 11.1　概　　　説 ……………………………………………………… *163*
 11.2　グロー放電の形式 ……………………………………………… *163*
 11.3　陰極降下領域 …………………………………………………… *166*
 11.4　負　グ　ロ　ー ………………………………………………… *168*
 11.5　ファラデー暗部 ………………………………………………… *169*
 11.6　陽　光　柱 ……………………………………………………… *170*
  11.6.1　両極性拡散 ………………………………………………… *170*
  11.6.2　電子密度分布 ……………………………………………… *172*
  11.6.3　電子温度 …………………………………………………… *174*
  11.6.4　軸方向電界 ………………………………………………… *175*
  11.6.5　径方向電界 ………………………………………………… *176*
  11.6.6　放電電流と電子密度 ……………………………………… *177*
 11.7　陽極降下領域 …………………………………………………… *178*
  11.7.1　陽極グロー ………………………………………………… *178*
  11.7.2　陽 極 降 下 ………………………………………………… *178*
 11.8　高 周 波 放 電 ………………………………………………… *178*
  11.8.1　高周波放電の発生 ………………………………………… *178*
  11.8.2　周波数と整合器 …………………………………………… *180*
  11.8.3　自己バイアス電圧 ………………………………………… *181*
  11.8.4　等価回路とイオンさや電圧 ……………………………… *181*

11.8.5 放電維持機構 ……………………………………………… 183
11.8.6 プラズマ電位 ………………………………………………… 184

12. アーク放電

12.1 概　　　説 ………………………………………………………… 186
12.2 アーク放電の発生 …………………………………………………… 186
12.3 陰極降下部 …………………………………………………………… 187
　12.3.1 熱陰極アーク ………………………………………………… 187
　12.3.2 冷陰極アーク ………………………………………………… 188
　12.3.3 水銀陰極アーク ……………………………………………… 188
12.4 陽　光　柱 …………………………………………………………… 189
12.5 陽極降下領域 ………………………………………………………… 192
12.6 高気圧アークの電圧・電流特性 …………………………………… 193
12.7 真空アーク …………………………………………………………… 193

13. プラズマ

13.1 概　　　説 ………………………………………………………… 196
13.2 プラズマの基本的性質 ……………………………………………… 196
　13.2.1 プラズマの電離度 …………………………………………… 196
　13.2.2 プラズマの密度と温度 ……………………………………… 197
　13.2.3 デバイ距離 …………………………………………………… 197
　13.2.4 プラズマ振動 ………………………………………………… 199
13.3 プラズマの発生 ……………………………………………………… 201
　13.3.1 グロー放電プラズマ ………………………………………… 201
　13.3.2 パルス放電プラズマ ………………………………………… 202
　13.3.3 アフターグロープラズマ …………………………………… 202
　13.3.4 アーク放電プラズマ ………………………………………… 202
　13.3.5 高周波放電プラズマ ………………………………………… 202
　13.3.6 熱電離プラズマ ……………………………………………… 203

　　　　目　次

13.3.7　衝撃波プラズマ …………………………………… 203
13.4　プラズマの診断 …………………………………………… 204

14．放電・プラズマの応用

14.1　概　　説 ………………………………………………… 207
14.2　照明用放電管 …………………………………………… 207
　　14.2.1　蛍　光　灯 ………………………………………… 207
　　14.2.2　高圧水銀ランプ …………………………………… 209
　　14.2.3　メタルハライドランプ …………………………… 210
　　14.2.4　ナトリウムランプ ………………………………… 212
　　14.2.5　キセノンランプ …………………………………… 213
14.3　ガ　ス　レ　ー　ザ ……………………………………… 214
　　14.3.1　レーザ光の特色 …………………………………… 214
　　14.3.2　光の放出と吸収 …………………………………… 214
　　14.3.3　誘　導　放　出 …………………………………… 215
　　14.3.4　反　転　分　布 …………………………………… 215
　　14.3.5　レーザの構成要素と増幅・発振 ………………… 216
　　14.3.6　He-Ne ガスレーザ ………………………………… 217
14.4　プラズマディスプレイ ………………………………… 219
　　14.4.1　交流放電形プラズマディスプレイ ……………… 219
　　14.4.2　直流放電形プラズマディスプレイ ……………… 220
14.5　プラズマプロセッシング ……………………………… 221
　　14.5.1　プラズマ CVD …………………………………… 221
　　14.5.2　プラズマ重合 ……………………………………… 222
14.6　プラズマ溶射 …………………………………………… 223
14.7　ス パ ッ タ 技 術 ……………………………………… 224
　　14.7.1　スパッタ作用 ……………………………………… 224
　　14.7.2　スパッタ率 ………………………………………… 224
　　14.7.3　スパッタ装置 ……………………………………… 226

参　考　文　献 ………………………………………………… 227
索　　　　　引 ………………………………………………… 228

1 序論

1.1 概説

19世紀の末になると，古典物理学もほぼ大系化され，原子論によって物質を構成する最小の要素は原子であることでほぼ終止符を打たれようとしていた。しかし，真空放電の研究から電子が発見され，究極の最小要素は電子であることがわかり，電子の諸性質が明らかになった。

当時，光電効果の問題と原子から放射するスペクトルの問題は，古典物理学では説明がつかなかったが，光量子（光子）の考えが導入され，これらの問題も解明された。その後，量子という考えによって，原子の内部構造の解明とともに近代物理学へと発展した。

一方，電子の振舞いを対象とする**電子物理学**（physical electronics）が生まれた。気体中での電子の振舞いについての研究からは**放電物理学**（discharge physics）が生まれた。やがて，これらの基礎的学問を土台として，**気体電子工学（気体エレクトロニクス，gaseous electronics）** へと発展する。この章では，電子物理学や放電物理学が，どのように誕生し，気体エレクトロニクスとして発展してきたかについて学ぶことにする。

1.2 気体エレクトロニクスと電子工学

電子工学（エレクトロニクス，electronics） という名称は，物質中の電子の振舞いとその応用に関する学問の総称である。電子は固体，液体，気体および真空中で運動する。そこで，電子が振舞う媒質によって**固体電子工学（固体エ**

レクトロニクス，solid state electronics），**液体電子工学**（液体エレクトロニクス，liquid state electronics），**気体電子工学**および**真空電子工学**（vacuum electronics）に分けることができる．

　これらのうちで古くより，真空中の電子の振舞いについて取り扱う分野は，電子物理学という名称が，気体中での電子やイオンの振舞いについては，放電物理学という名称が一般に使われている．放電物理学は電子物理学に基礎をおいており，これらの応用まで含めて気体エレクトロニクスと呼ばれている．

　これらのことを簡単にまとめると，**図 1.1** に示すようになる．

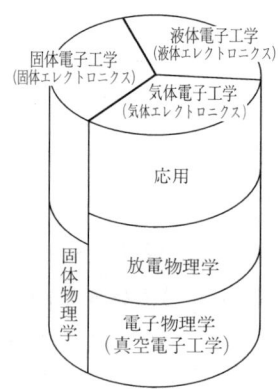

図 1.1　電子工学の柱

1.3　電子物理学の誕生

　19 世紀の後半になると，物理学の分野で多くの問題が解決されてきた．力学はニュートン（I. Newton）によって大成された．光，熱，電磁気などの分野でも実験的事実がつぎつぎに発見された．ニュートンの時代に，ホイヘンス（C. Huygens）が提案した光の**波動説**（wave theory）は，ニュートンの主張した光の粒子説のために，当時あまり顧みられなかったが，ヤング（T. Young）による光の干渉実験やフレネル（A. J. Fresnel）による光の回折現象の実験から，波動説が復活した．やがて，波動説はフーコー（J. B. L. Foucault）による光速度の測定から確認され，さらに，偏光現象が研究されて，光が横波であることが明らかになった．

1.3 電子物理学の誕生

　1764年，イギリスのワット（J. Watt）が発明した蒸気機関が，産業革命のもとになったことは知られているが熱効率は非常に悪い。1824年，フランスのカルノー（N. L. S. Carnot）は，蒸気機関の最大効率について科学的に研究し，それが，蒸気の最高温度と水の最低温度の温度差に依存することをつきとめた。やがて，1847年，ドイツのヘルムホルツ（H. L. F. Helmholtz）は**エネルギー保存則**（energy conservation law）を確立し，熱力学の第一法則となった。その後，1850年，ドイツのクラウジウス（R. J. E. Clausius）は，熱量と絶対温度の比をエントロピーと名付け，宇宙のエントロピーはつねに増加していくという**熱力学の第二法則**（second law of thermodynamics）を確立した。

　一方，ボルタ（A. Volta）に始まり，ファラデー（M. Faraday）に至る電磁気学の実験的事実が基礎となって，1864年，マックスウェル（J. C. Maxwell）は，ファラデーが行った**電磁誘導作用**（electromagnetic induction action）に関する実験結果を**マックスウェル方程式**（Maxwell equations）によって表し，電磁気学を大成した。この本では，2章で静電気の基本則について復習する。1887年には，ヘルツ（H. Hertz）がマックスウェルが予言した電磁波の発生に成功した。彼は，電磁波が反射や屈折や集束する特性のあることを証明し，ラジオ時代の幕が開いた。1899年には，イタリアのマルコーニ（G. Marconi）が英仏海峡をわたり無線電信で通信することに成功した。まもなく，電子の存在が世間に知られるようになった。

　物質を構成している究極の基本要素はなにかということは，古代ギリシャの時代から多くの人々によって考えられており，B.C. 580年頃，タレス（Thales）は，すべての物質の根元は水であると考え，B.C. 350年に，アリストテレス（Aristotle）は物質は，土と，水と，空気と，火によって構成されていると考えた。今日はこれらは，固体，液体，気体，およびプラズマ状態であることがわかっており，哲人の先見性に驚かざるを得ない。

　1774年，フランスのラボアジェ（A. L. Lavoisier）は，閉ざされた系における化学実験では，反応の過程に関係なく，反応物の質量と生成物の質量は一致するという**質量保存則**（mass conservation law）を確立した。1792年，フ

ランスのゲイ・リュサック（J. L. Gay-Lussac）は，圧力と温度が一定の状態で気体が化学反応するとき，反応する各気体の体積と反応後に生成された気体の体積の間には，簡単な整数比が成り立つという**気体反応の法則**（law of gaseous reaction）を確立した。19世紀に入ると，化学が定量的に扱われるようになり，1802年，イギリスのドルトン（J. Dalton）は，すべての物質は，これ以上分解できない微粒子から構成されるという**原子論の仮説**に基づいて，2種類の元素が化合して2種類以上の化合物をつくるとき，一つの元素の同じ質量と結合する他の元素の質量の間には簡単な整数が成立するという**倍数比例の法則**（law of multiple proportions）を確立した。これらの法則を通して，化学物質は種々の元素が一定の割合集まって構成されるという考え方が生まれた。やがて，1811年，イタリアのアボガドロ（A. Avogadro）は，すべての気体は原子または分子から構成され，その一定量は気体の種類に関係なく，同温，同圧，同体積のもとに一定の分子数を含むという**アボガドロの法則**（Avogadro's law）をうちたてた。このようにして，物質を構成する究極の要素は原子であるという考え方でほぼ終止符を打たれようとしていた。

しかし，19世紀の中頃より真空放電の研究が始まり，いままでの原子論だけでは説明のつかない種々の現象が現れ始めた。1869年，ドイツのボンにおいて，科学器械商のガイスラー（H. Geissler）はプリュッカー（J. Plücker），ヒットルフ（J. W. Hittorf）らと共同でガラス製の放電管を試作し，その圧力と電気伝導度について調べた。ヒットルフはプリュッカーの弟子であった。彼らの使用した放電管は，種々の真空度によって美しいカラーの光を放ち，あたかも北極のオーロラに似ていることから「オーロラ管」と名付けられた。プリュッカーは，発光する位置が磁界によって影響され，ガス圧が低くなると，放電管の内部での発光はなくなり，管壁だけが発光する現象を発見した。ガイスラーの名は真空度を測る「ガイスラー管」にその名を残している。また，ヒットルフの名は，低圧放電管中の**ヒットルフ暗部**（Hittorf dark space）として残されている。

1874年，イギリスのストーニー（G. J. Stoney）は，原子に対するアボガド

ロの仮説から推定して，電気量にも，単位の素電荷があるに違いないと考え，そのような素量に対して**電子**（electron）と名付けた。この頃，1876年には，ドイツのゴールドシュタイン（E. Goldstein）が，陰極から陽極にまっすぐに進む未知の物質を**陰極線**（cathode ray）と名付けている。

1879年，クルックス（W. Crookes）は，ロンドンにある自宅の実験室で，**図1.2**に示すようなオーロラ管（クルックス管）を用いて実験していた。

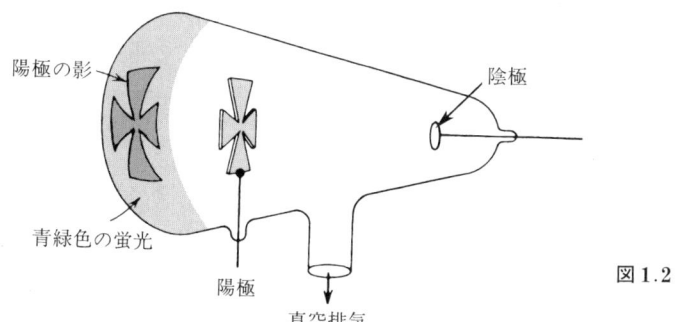

図1.2　クルックス管の実験

陽極はマルタ十字の形にした。クルックスは，管を低い圧力まで排気し，陽極と陰極の間に高電圧を印加した。管の内側は青緑色に発光したが，陽極の裏側には，マルタ十字の影がくっきりと浮かび上がった。このことから，陰極線は，陰極から陽極に向かって直進していることが実証された。

さらに，クルックスは，**図1.3**に示すように，自由に回転できる小さな車輪を陰極と陽極の間に入れて電圧を印加したところ，車輪は，陰極から陽極に向かって回転しながら運動をしたため，陰極線は質量を持つことが証明された。

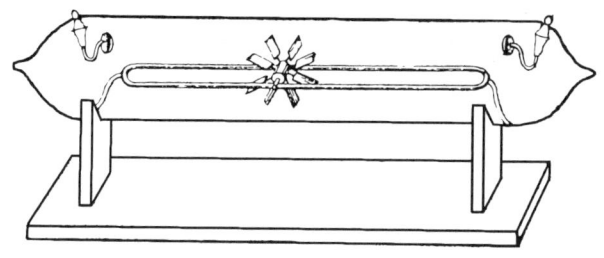

図1.3　車輪の付いたクルックス管

クルックスの名前は**クルックス暗部**（Crookes dark space）に残されている。

他方，1883年には，アメリカのニュージャージー州のメンローパークにおいて，エジソン（T. Edison）は，白熱電球が劣化する問題に取り組んでいる中で，電球を高真空にして，フィラメントから電気的に絶縁した小さな金属板を管の中に封じ，加熱されたフィラメントと金属板の間に検流計をつなぐと，検流計の針がふれる現象を発見した。このことから，フィラメントから電荷を帯びた物質が放出されていると考えた。彼が観測した現象は一般には**エジソン効果**（Edison effect）として知られている。なお，その後，この電荷を帯びた物質は電子であることがわかった。エジソン効果は熱電子放出現象に相当する。これに関連した電子の放出過程については6章で学ぶ。

1897年，イギリスのキャベンディッシュ研究所において，トムソン（J. J. Thomson）は，陰極線の性質をさらに調べるため，ガラス管に電界や磁界をかけてみた。その結果，陰極線は，電界や磁界によって影響されることを発見した。さらに，陰極線が，それらによってどのように曲がるかについて丹念に測定した。その結果，陰極線の正体は電気を帯びた非常に小さい微粒子の電子であることを発見した。そして，その**比電荷量**（specific charge value）を測定した。トムソンはこれらの研究によって，1906年，ノーベル物理学賞を受賞した。また，1911年になって，アメリカのミリカン（R. A. Millikan）は，真空装置の中で，電界中に帯電した油滴を浮遊させて実験し，電子の**電荷素量**（elementary quantity of charge）をつきとめた。1923年，ミリカンはこの研究によってノーベル物理学賞を受けている。これらの内容について，くわしくは3章で学ぶことにする。

物理学は工学の基礎であるため，社会的状況に結びついて発展してきた。19世紀の末頃，プロシャ（ドイツ）とフランスが戦争をした。いわゆる普仏戦争（1870〜1871年）である。プロシャ帝国が勝利を収め，フランスのアルザス・ロレーヌ地方を手に入れた。この地方は，鉄鉱石と石炭が豊富に産出したため，それらを使って，鉄工業を発展させた。鉄道，船舶，戦車，武器などはすべて鉄でできており，鉄を制する国が世界を制するといわれ「鉄は国家なり」

という言葉が生まれた。

　鉄は加熱温度によってそこから放射される光のスペクトルが微妙に変化する。1893年，ドイツのウィーン（W. Wien）は，金属を加熱したときに放射される光の強度の波長に対する分布状態を研究した結果，加熱温度が上昇するほど，光の強度の最大値に対する波長は短くなっていく現象を発見した。これが**ウィーンの変位則**（Wien displacement law）である。ウィーンは1911年ノーベル物理学賞を得ている。

　ウィーンの変位則について理論的に解明する研究が試みられた。ウィーンは波長の短い領域で実験値に一致する方程式を提唱した。一方，イギリスのレーリー（J. W. S. Rayleigh）とジーンズ（J. H. Jeans）は電磁波理論と熱力学のエネルギー等配則だけを用いて，波長の長い領域に一致する方程式を提唱した。しかし，全体の領域をカバーする方程式は見つけられず，古典物理学も行き詰まった。1900年，ドイツのプランク（M. Planck）は，これらの二つの式の中間になる正しい式を理論的に導こうと試みた。そして，放射されるエネルギーの値が離散的な値をとる**量子**（quantum）という概念を用いて完全に説明することに成功した。プランク自身は自分が導入した量子という概念の重大さをそれほど認識していなかったようであるが，この概念こそ，近代物理学の土台になった**量子力学**（quantum mechanics）の基礎であった。プランクはこの研究によって，1918年ノーベル物理学賞を受けている。熱放射と光量子については，4章で学ぶ。

　一方，**光電効果**（photoelectric effect）の問題はなお物理学上未解決であった。光電効果とは金属の表面に特定の波長（限界波長）より短い波長の光をあてると，金属の表面から電子が放出する現象である。限界波長より長い波長の光はいくら強度を増しても電子は放出されない。この現象は，従来の光エネルギーの値が連続的であるという古典物理学の考え方では説明がつかなかった。

　プランクが提案した量子の概念はしばらくの間は，その重大さについて人々は気が付かなかった。アインシュタイン（A. Einstein）は，光電効果の問題の説明に量子の考えで**光量子**（**光子**または**フォトン**）（light quanta）を導入

して見事に説明した．アインシュタインは相対性理論であまりにも有名であるが，この光電効果の解析で1921年にノーベル物理学賞を受けている．

一方，電子の発見に伴って，原子の構造についても研究が進んだ．電子を発見したトムソンは，電子は原子から出てくることと，原子は電気的に中性であることを考えると，ちょうどスイカの構造のように，正の電荷の実の中に負の電荷の電子が種のように埋まっている構造を考えた．トムソンのスイカ模型と呼ばれた．これに対して，わが国の物理学の先駆者である長岡半太郎とラザフォード（E. Rutherford）はそれぞれ独自に，正の電荷が中心にあり，その周りを電子が回る模型を考えた．

1908年，ラザフォードは，非常に薄い金属箔に α 粒子（He の原子核，正電気）をぶつけると，ほとんどの α 粒子は金属箔を通り抜けて，まっすぐに進むのに対して，ごく一部はかなり大きな散乱角で散乱されることを発見した．α 粒子が大きく散乱するには，原子の中心に正の電荷が存在しなければ説明がつかない．このようにして，**トムソン模型**（Thomson model）では説明がつかず，長岡らの模型がほぼ正しいことが実証されたが，**長岡模型**（Nagaoka model）でもスペクトル放射が不連続の輝線スペクトルになる点についてはなお矛盾を残していた．

デンマーク出身のボーア（N. H. Bohr）はラザフォードのもとで学び，師匠ラザフォードが原子模型で苦労しているのをみて，プランクの量子の概念を取り入れた原子模型を提案した．**ボーアの原子模型**（Bohr model of atom）は長岡の模型に近いが，原子から放射される輝線スペクトルについても完璧に説明することができた．これらについては，5章の原子の構造で学ぶ．ラザフォードは1908年にノーベル化学賞を，ボーアは1922年ノーベル物理学賞を受けている．

1.4 放電物理学の誕生

気体中を電気が流れる現象は**気体放電現象**（gaseous discharge phenomena）といわれる．気体放電には**火花放電**（spark discharge），**アーク放電**

(arc discharge), **グロー放電**（glow discharge）などがあるが，ここでは初期の放電現象の研究について述べよう。

かの有名なアメリカのフランクリン（B. Franklin）は，1751年，雷雨の中で凧をあげ，凧の足に針金をつるして火花放電を観測している。1777年，ドイツのリヒテンベルグ（G. C. Lichtenberg）は，絶縁物の表面に針状の電極をおいて高電圧をかけ摩擦電気の実験を行っていたところ，絶縁物の表面で起きた火花放電（沿面放電）のあとに，室内にあった樹脂の粉が付着し，**沿面放電**（creeping discharge）の痕跡が図形となっている現象を偶然発見した。その後，この現象を沿面放電の研究に応用した。彼の名は，**リヒテンベルグ図形**（Lichtenberg's figure）として，その名を残している。

1800年になってイギリスのデービィ（H. Davy）は，2本の炭素棒を電池の両極につないで，接触させて離すと，炭素棒の間で非常に強く発光するアーク放電を観測している。アーク放電が発生すると，その熱で炭素棒の電極が溶けることから，非常に高温であることがわかった。しかし，アーク放電の研究はその後しばらくの間あまり進まず，研究を系統的にまとめたのは，100年後のAyrton夫人である。デービィの弟子のファラデーは，1831年からおよそ5年間，低気圧放電の研究を行った。放電管の両端に高電圧をかけると，管内の発光状態が，場所によって明るい部分と暗い部分に交互に変わる現象を発見しており，グロー放電と名付けた。ファラデーの名はグロー放電の一部に**ファラデー暗部**（Faraday dark space）としてその名が残されている。

さて，トムソンは，キャベンディッシュ研究所においてニュージーランドから来た弟子のラザフォードとともに放電現象の研究に取り組んだ。トムソンとラザフォードは，帯電しているガス中の電圧-電流特性について調べ，ガス中での荷電粒子が移動する速度を求めた。また，空気，水素，水銀中における正負の電荷の**移動度**（mobility）について測定した。

トムソンのもう一人の弟子のタウンゼント（J. S. Townsend）は，荷電粒子が非常に小さな直径の管中を通過するとき失われる現象を発見した。そして，マックスウェルの「**気体分子運動論**」（1867年）に基づいてイオンの移動度に

ついて理論的に解析した。タウンゼントはまた，ラザフォードが研究した同じ気体について，**拡散係数**（diffusion coefficient）を解析した。彼等のグループは，このラザフォードが求めた移動度とタウンゼントが求めた拡散係数の比が，電離気体中では一定となることを証明した。

その後，トムソンのすばらしい二人の弟子は，キャベンディッシュ研究所から去った。ラザフォードはカナダのモントリオールへ移り，そこで彼の興味は放射線に向かい，数々の業績をうち立てた。一方タウンゼントは，オックスフォード大学に移った。彼はそこで，気体中の放電現象について非常に広い範囲の研究をした。

すなわち，電子が電界で加速されて原子に衝突し，原子を電離する**衝突電離係数**（coefficient of ionization by collision）α，および α 作用で発生したイオンが陰極に衝突して電子を放出させる**二次電子放出係数**（coefficient of secondary electron emission）γ，および放電自続の式の提案や遅い電子の衝突断面積が急に変化する**タウンゼント-ラムザウアー効果**（Townsend-Ramsauer effect）など，気体放電の基礎となる係数はタウンゼントによるところが大きい。トムソンが電子物理学の元祖であるとすれば，タウンゼントは放電物理学の元祖といえよう。9章で気体放電の基礎について学ぶ。

1920年代と1930年代の初期の間，放電現象の基礎過程についての研究の進展は遅かった。その理由は気体の純度の問題と，電極表面の純度の問題であった。当時の真空ポンプは水銀蒸気ポンプであり，ガス圧は水銀マノメータまたはマクラウドゲージによって測定した。そのため，不純物としての水銀が放電特性に影響を及ぼし，電離電圧，エネルギー準位，表面の仕事関数の値に誤差を生じさせた。真空ポンプについては，7章の真空中の電子の運動でふれる。

放電現象の実験に伴う水銀の不純物の問題は，長い間，研究者を悩ませていたが，1940年，オランダのドリュベステン（M. J. Druyveteyn）とペニング（F. M. Penning）は，アイントホーヘン（Eindhohen）のフィリップスの実験室において，**高真空技術**（high vacuum technique）と高純度の気体を開発し，水銀不純物に伴う理論と実験の不一致が解消された。

第二次世界大戦後，気体の純度の向上と測定技術の一層の進歩により1955年頃，ロエブ（L. B. Loeb）とその弟子たちによって火花放電，アーク放電，グロー放電，**コロナ放電**（corona discharge），**パルス放電**（pulse discharge）などのあらゆる分野においてデータが徹底的に検討された。なお，これについて，10章で気体の絶縁破壊とコロナ放電を，11章でグロー放電を，12章でアーク放電をそれぞれ学ぶ。

1.5 気体エレクトロニクスの発展

トムソンによって電子が発見されてまもなく，1904年，イギリスのフレミング（J. A. Fleming）はエジソン効果を電子装置に応用し，**二極真空管**（diode）を発明した。また，1906年，アメリカの発明家ド・フォレスト（L. De Forest）が**三極真空管**（triode）を発明し，真空管時代の幕が開いた。二極真空管は，電流を一方向に流す整流作用を行うものであり，三極真空管は二極真空管の中央に格子（グリット）を挿入した真空管で，グリッドに印加された交流信号が増幅される。三極真空管の発明によって増幅，発振，検波という電子回路の能動素子ができたことになり，それらを応用した通信技術が飛躍的に進歩し，電子工業が興こったのである。その後は，種々の目的に応じて四極管や五極管などの多極管が発明された。

一方，1910年，エルスター（J. Elster）とガイテル（H. F. Geitel）はアルカリ金属の光電子放出効果を使って光信号を電気信号に変換する**光電管**（photo electric tube）を発明した。さらに微弱な光信号を増幅する光電管として**光電子増倍管**（photomultiplier tube）が発明された。1933年には，アメリカのRCA社が**アイコノスコープ撮像管**（iconoscope image tube）を発明している。この装置では，銀の微粒子から構成される光電性のターゲットがあり，それに光があたると電荷が蓄えられ，それを検査電子ビームによって電荷を中和して光信号を取り出すのである。

1897年ドイツのブラウン（K. F. Braun）が**ブラウン管**（Braun tube）を発明し，電気信号の波形を画像で目視できるようになった。ブラウン管は，陰極

より放出した電子を途中の電極で加速，集束し，**電子ビーム** (electron beam) として利用する。電子ビームを電界または磁界によって偏向するブラウン管は，その後**テレビジョン受像管** (television receiver tube) として発展し，1926年，高柳健次郎が「イ」の文字をブラウン管に送って写している。電子ビームとその応用については8章で学ぶ。

1921年，アメリカのG.E.社のハル (A. W. Hull) によって**マグネトロン** (magnetron) が発明された。マグネトロンは真空管の内部にある電極の間に磁界をかけてマイクロ波を発生させるのである。また，1927年には東北大学の岡部金次郎によって**分割陽極形マグネトロン** (split anode magnetron) が発明されマイクロ波の実用化に貢献した。やがてそれは，レーダに応用され，遠方への通信を可能にした。第二次世界大戦が発生し，レーダを中心とした通信技術が飛躍的に進歩した。戦後，マグネトロンは，レーダの部品に使用されるほか，家庭用の電子レンジの高周波電源に使われるようになった。

1895年，レントゲン (W. C. Röntgen) が暗室の中で真空放電の実験中，光がまったく入らないように囲った放電管から放射状に発する未知の物体が蛍光体にあたり蛍光が発光する現象に気が付いた。その後，この放射性物体は，物を透過する性質があり，その透過度の違いによって写真乾板上に濃淡の像が写影されることを発見した。レントゲンは，これを**X線** (X rays) と名付けた。このX線を放射する高電圧放電管は，**X線管** (X-ray tube) として実用化され発展した。レントゲンは1901年第1回のノーベル物理学賞を受賞している。1933年，ドイツのルスカ (E. Ruska) は電子ビームを磁石によって集束偏向し，対物・投射レンズ系をつくり，光学顕微鏡の通常の倍率をはるかに凌ぐ10 000倍の倍率をもつ**電子顕微鏡** (electron microscope) を作った。また最近，電子ビームは表面処理技術や排ガス処理技術に応用されるようになった。

放電物理学の初期の頃の研究は大気中の放電と低ガス圧の放電がおもであった。大気中の放電現象は放電の形態によって，暗放電，コロナ放電，火花放電，ストリーマ放電，沿面放電などに分けられよう。電力会社にとって，雨天の時の送電線の周囲で発生するコロナ放電は困った現象である。したがって，

昔からコロナ放電の研究といえば，いかにしてコロナ放電の発生を防止するかという研究が主であった．しかし，近年になって，電子複写機（コピー）において，トナーを帯電させる電荷の発生用にコロナ放電が使用されるようになった．また，**電気集塵装置**（electric dust collector）では，電極間においてコロナ放電で発生した負イオンを，空気中のダストに付着させて電極に流して回収する方法がとられている．

昔から，恐いものの代表選手が地震，雷，火事，親父といわれた．地震については阪神大震災にみられるように，ひとたび発生すると防ぎようがない，一方，雷が送電線に落ちると，その近辺一帯は一時的に停電となり，その被害は甚大である．特に最近は，ほとんどの家庭内の電気製品にコンピュータが搭載されており，落雷時に発生するパルスによってそれが被害を受けることが多い．このような雷も放電現象であり，いまだ未解明な点が多い．

雷放電に比較すると，グロー放電やアーク放電の方はその物理現象もかなり解明され，また積極的に応用されてきた．1902年，アメリカのヒュイッツ（C. Hewitt）は，たこ形のガラス製水銀整流器を発明し，その後1910年には鉄製の**水銀整流器**（mercury arc rectifier）を開発し大電流の整流作用を可能にした．水銀整流器は点弧が困難であったため，1914年，ラングミュアー（I. Langmuir）は，水銀整流器に格子を入れる発明をした．1929年にはアメリカのハルは，**サイラトロン**（thyratron）を発明している．サイラトロンは，水銀やアルゴンの封入した熱陰極放電管で，格子の電圧によって放電開始電圧を制御できるようにしたものである．その後，1933年には大電流用の**イグナイトロン**（ignitron）が発明されている．なおラングミュアーは，1932年ノーベル化学賞を受賞している．

さらにその頃，熱陰極整流管のタンガーバルブ，冷陰極のグロー放電の定電圧特性を利用した定電圧放電管，コロナ定電圧放電管などが逐次開発された．グロー放電の発光現象を有効に利用したものに，ネオンサイン管，ニクシー管，蛍光灯や水銀灯がある．江戸時代の行灯の明かりが60 W電球の1/100程度の明るさであったことを考えると，現代人がどのくらい明るい生活に恵まれ

ているかは計り知れない．以上のほかにも多くの種類の放電管が生まれ応用されたが，多くの放電管は半導体素子に置き換わっていった．

1961年，アメリカのBell研究所のジャバン（A. Javan）らによってHe-Neの気体を用いた**ガスレーザ**（gas laser）が開発された．このレーザは，当初はレーザディスク用に，その他，光学実験，土木工事における基準線の表示やレーザプリンタにも応用された．また，アルゴンイオンレーザが開発され，眼科の医療や血液検査，分光用，流速計などに応用され，また，炭酸ガスレーザなどは大出力が得られるため，各種材料の加工機として使用されている．

マグネトロン放電（magnetron discharge）や**高周波グロー放電**（RF discharge）で発生するプラズマは，**低温プラズマ**（low temperature plasma）と呼ばれ，最近，特に成膜技術に用いられてきた．それらは，**プラズマCVD**（plasma CVD），**プラズマ重合**（plasma polymerization）といった新しい技術にも進展している．

人類は石油，石炭といった化石燃料を使用してきたが，これらの資源は有限であり，さらに地球温暖化の世界的問題がある．そこで原子力発電に続き，核融合による夢の発電が期待される．そのため**核融合プラズマ**（nuclear fusion plasma）が研究されている．

最近は，**プラズマディスプレイ**（plasma display）という大形画面のテレビが店先に並ぶようになってきた．これはプラズマを利用したもので放電素子などを超小形にして集積したものである．プラズマについては，13章で，放電プラズマ応用については14章で学ぶ．

2 静電気の基本則

2.1 概　　説

　古代エジプトの時代より，摩擦の電気現象が知られていたが，その後，静電気に関する種々の現象や磁気に関する実験的事実が，科学史上にところどころ顔を出すようになった。従来，電気と磁気が別々に取り扱われていたが，ファラデーによる電磁誘導の発見を経てマックスウェルによって統一的に表され，電気磁気学は完成した。これらのうちで，気体エレクトロニクスにゆかりの深い静電気の知識について整理しておこう。

2.2　クーロンの法則

　よく知られているように，ニュートンの万有引力の法則では，図 2.1 に示すように質量 m_1〔kg〕，m_2〔kg〕を有する二つの粒子の間に，次式で示されるような，粒子間の距離 r〔m〕の 2 乗に反比例する**万有引力**（universal gravitation）F_g〔N〕が存在する。

$$F_g = K_1 \frac{m_1 m_2}{r^2} \tag{2.1}$$

ここで，K_1 は**万有引力定数**（universal gravitation constant）であり，$K_1=$

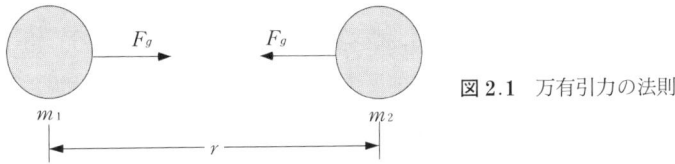

図 2.1　万有引力の法則

6.67×10^{-11} Nm²/kg²。そこで，三つの素粒子（陽子，電子，中性子）の間に作用する力を実験的に求め，式（2.1）で得られる理論式と比較すると粒子の距離の2乗に反比例する大きさであることは同じであるが，その性質が粒子の種類によって異なることがわかる。すなわち，中性子相互の間に働く力は式（2.1）で与えられる力となり，かつその方向は吸引力であるが，陽子間，電子間，陽子-電子間に働く力は，その大きさが式（2.1）から得られる値よりはるかに大きく，同種の場合は反発力，異種の場合は吸引力である。

これらの実験事実から，陽子および電子は質量による万有引力と異なる力を作用するほかの性質を持っていることがわかる。これは**電荷**（charge）と呼ぶものを帯びたためである。

図2.2に示すように電子と陽子の間の力は吸引力であるが，電子相互間，陽子相互間は反発力であるから，2種類の電荷が存在することがわかる。

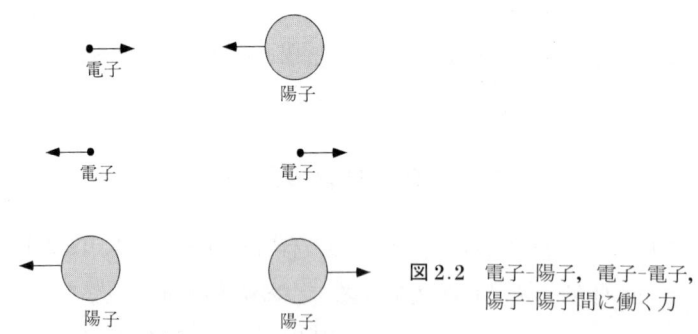

図2.2 電子-陽子，電子-電子，陽子-陽子間に働く力

そこで，この2種類の電荷の符号を陽子を正，電子を負とする。

電荷の間に働く力 F_e を式（2.1）に習って書くとつぎのようになる。

$$F_e = K_2 \frac{Q_1 Q_2}{r^2} \tag{2.2}$$

ここで，Q_1，Q_2 は2個の電荷であり，K_2 は比例係数であり $K_2 = 9 \times 10^9$ Nm²/C²，同符号であれば反発力，異符号であれば吸引力になる。電子は質量が 9.1×10^{-31} kg，電荷は 1.6×10^{-19} C であることが知られている。そこでいま，二つの電子が1mmの間隔で置かれているときの万有引力 F_g と電気力

F_e を計算し，その比をとると

$$\frac{F_e}{F_g} = \frac{2.30 \times 10^{-22}}{5.53 \times 10^{-65}} = 4.17 \times 10^{42} \tag{2.3}$$

となる。このように，電気力は万有引力よりはるかに大きいことがわかる。

　さて，この電荷間に働く力がどのような法則であるかについては，イギリスのキャベンディッシュ（H. Cavendish）が最初に詳細な実験を行ったが，残念ながらそれを公表しなかったために，フランスの実験家であるクーロン（C. A. Coulomb）がキャベンディッシュとはまったく独立に**ねじればかり**（torsion balance）を使って実験し，その結果を公表した。そのため，現在では一般に**クーロンの法則**として知られている。クーロンの法則は各物理量を国際単位系（SI）としてつぎのように表される。

$$F = \frac{Q_1 Q_2}{4\pi\varepsilon_0 r^2} \tag{2.4}$$

ここで，ε_0 は K_2 に代わる定数で，**真空中の誘電率**（permitivity of free space）である。ε_0 の大きさは，つぎのようになる。

$$\varepsilon_0 = 8.854 \times 10^{-12} \text{ F/m} \tag{2.5}$$

2.3　電界の強さ

　いま，三つの電荷 Q_1, Q_2, Q_3 がそれぞれ図 2.3 に示すように，距離 a, b だけ離れて存在する場合について考えてみよう。

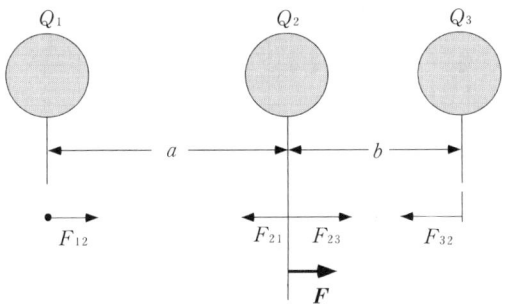

図 2.3　電荷の間に働く力

Q_2 に働く力はクーロンの法則により，Q_1，Q_2 間に働く力 F_{21} と Q_2，Q_3 間に働く力 F_{23} の差となり

$$F = F_{21} - F_{23} = \frac{Q_1 Q_2}{4\pi\varepsilon_0 a^2} - \frac{Q_2 Q_3}{4\pi\varepsilon_0 b^2} = \frac{Q_2}{4\pi\varepsilon_0}\left(\frac{Q_1}{a^2} - \frac{Q_3}{b^2}\right) \qquad (2.6)$$

と置くことができる。このように，F は大きさと方向が変わるためベクトル量となる（以後，必要に応じベクトル表示で示す）。

そこで，$Q_2 = 1\,\mathrm{C}$ としたときの電気力を E とすれば

$$E = \frac{1}{4\pi\varepsilon_0}\left(\frac{Q_1}{a^2} - \frac{Q_3}{b^2}\right) \qquad (2.7)$$

式 (2.7) を式 (2.6) に代入すれば

$$F = Q_2 E \qquad (2.8)$$

と書くことができる。

式 (2.7) で示されるように，E は Q_1，Q_3 の大きさによって，その大きさも方向も変わる。E もベクトル量であり，単位電荷に働く力と考えればよい。この E を **電界の強さ** (electric field strength) と呼ぶ。いま，一般に図 2.4 のように導体球に電荷 Q を与えた場合，電荷は同種のため反発し合って導体の表面に均一に分布する。

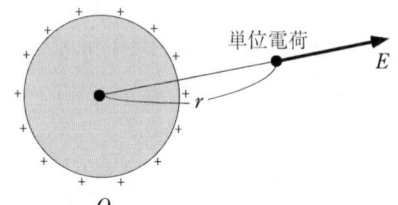

図 2.4 正電荷 Q による電界

そこで球の中心から点 r に単位電荷を置いたときに働く力は，電界 E に相当するため，その値は

$$E = \frac{Q}{4\pi\varepsilon_0 r^2} \qquad (2.9)$$

と書くことができる。そこで，Q が正ならば電界の方向は電荷より発散する方向であり，Q が負であれば電界の方向は電荷に吸引される方向であり，そ

の模様を図に示せば，図 2.5 のようになる．

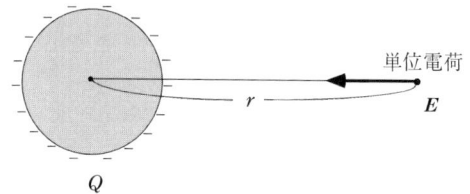

図 2.5　負電荷 Q による電界

2.4　電位と電位差

いま，図 2.6 に示すように，二つの電荷 Q_1，Q_2 が距離 a だけ離れて点 A と点 B に存在する場合，この系の有するポテンシャルエネルギーを考えてみよう．

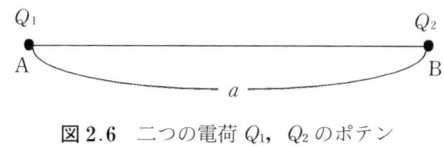

図 2.6　二つの電荷 Q_1，Q_2 のポテンシャルエネルギー

最初点 A，点 B に電荷が存在しない状態から出発する．まず，Q_1 を無限遠点から点 A に移動する場合を考えよう．この場合，最初この空間に電荷がないため，電界も存在せず，Q_1 には力は作用せず，それを移動するための仕事を必要としない．

つぎに点 A に Q_1 が置かれた後で，電荷 Q_2 を無限遠点から点 B まで運んでくる場合について考えてみよう．このとき，電荷 Q_2 には Q_1 による電界が作用しているため，Q_2 を移動するためには，この力に逆らう力を作用させて仕事をしなければならない．その結果，電荷 Q_2 を点 B まで運ぶために必要な仕事量 W_p はつぎのようになる．

$$W_p = -\int_\infty^a \boldsymbol{E} Q_2 dr = Q_2 \int_a^\infty \boldsymbol{E} dr = \frac{Q_2 Q_1}{4\pi\varepsilon_0 a} \tag{2.10}$$

ここで，W_p は無限遠点を規準（普通は大地）とした**ポテンシャルエネルギー**（potential energy）に相当する。したがって，単位電荷を点 B まで運ぶためのエネルギーは，上式で $Q_2=1$ とおけば次式 V となる。これを**電位**（electric potential）と呼ぶ。

$$V = \frac{Q_1}{4\pi\varepsilon_0 a} \tag{2.11}$$

いま，**図 2.7** に示すように，点 A（距離 a）と，点 B（距離 b）があって，点 B から点 A まで 1 クーロンの電荷を運ぶときの仕事量は A，B 間の**電位差**（potential difference）V と呼ぶ。電位差は次式で与えられる。

$$V = -\int_b^a \boldsymbol{E} dr = \frac{Q_1}{4\pi\varepsilon_0}\left(\frac{1}{a} - \frac{1}{b}\right) \tag{2.12}$$

この値は式（2.11）によって得られる A，B 各点の電位の差である。

図 2.7 点 A，点 B 間の電位差

このようにして，電界を積分することによって電位差が求められた。この過程は可逆的であるため，電位を微分すれば電界を得ることができる。すなわち，電位の傾きが電界に相当する。いま**図 2.8** に示すように山を思い浮かべよう。電位は山の高さに，電界は山の斜面の傾きに相当する。

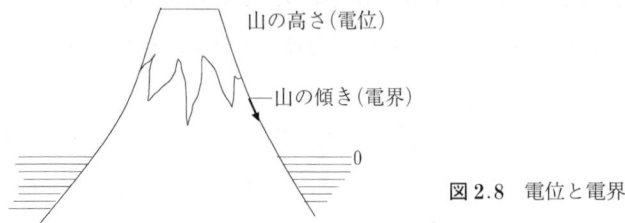

図 2.8 電位と電界

図 2.9 にある山の地図を示す。このように，一般に山の状態を表すのに同じ高さの場所を結び等高線として表しているが，電気では，同じ電位を結び等電位線として表す。3 次元の場合は等電位面となる。**図 2.10** には，点電荷の周囲の等電位線を示す。

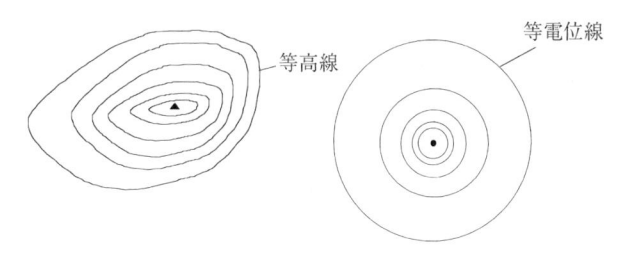

(a) 等高線　　　　　(b) 等電位線

図 2.9　等高線と等電位線

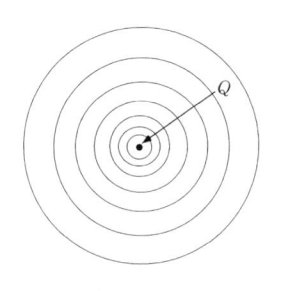

図 2.10　点電荷による等電位線

2.5　ガウスの定理

　一般に，電荷分布の状態と電界とは密接につながっている。これを点電荷を例にとって考えてみよう。

　図 2.11 に示すように点電荷 Q から距離 a だけ離れた点の電界は

$$E = \frac{Q}{4\pi\varepsilon_0 a^2} \tag{2.13}$$

図 2.11　点電荷 Q による電界 E

である。ここで，半径 a の球としての閉曲面を考える。閉曲面の面積は

$$S = 4\pi a^2 \tag{2.14}$$

である。**電束密度**（electric flux density）は $\varepsilon_0 E$ であり，全電束は Q に等しいので次式が得られる。

$$Q = \varepsilon_0 E S \tag{2.15}$$

すなわち閉曲面内の電荷は，外部より電界を測定することにより，簡単に知ることができる。この結果をさらに一般的に表したものが以下で述べるガウスの定理である。いま，図 2.12 に示すように，点電荷 Q を任意の形をした閉曲面 S で取り囲んでみよう。

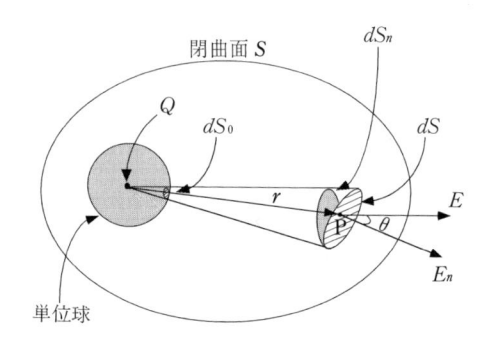

図 2.12 ガウスの定理

点電荷 Q から r の点 P の電界について考えてみると

$$E = \frac{Q}{4\pi\varepsilon_0 r^2} \tag{2.16}$$

この電界のうち，点 P においてこの面に垂直な成分 E_n は

$$E_n = E\cos\theta \tag{2.17}$$

で与えられる。そこで，式 (2.15) にならって，この部分において局所的に ε_0 と E_n と dS の積をとると

$$\varepsilon_0 E_n dS = \varepsilon_0 E\cos\theta \, dS = \varepsilon_0 E dS_n = \frac{Q dS_n}{4\pi r^2} \tag{2.18}$$

ここで，dS_n は，Q を頂点とする半径 r の円錐の底面積である。したがって，Q を頂点として単位半径の球を描き，円錐と交わる部分の面積を dS_0 とすれば

$$\frac{dS_n}{r^2} = \frac{dS_0}{1^2} \tag{2.19}$$

したがって，式 (2.19) を式 (2.18) に代入すれば

$$\varepsilon_0 E_n dS = \frac{Q}{4\pi} dS_0 \tag{2.20}$$

そこで，いま閉曲面全体を考え，左辺と右辺を閉曲面全体にわたって積分すれば

$$\iint_S \varepsilon_0 E_n dS = \frac{Q}{4\pi} \iint_{S_0} dS_0 \tag{2.21}$$

ここで $\iint_{S_0} dS_0$ は単位半径の球の表面積 $\iint_{S_0} dS_0 = 4\pi$ に相当するため

$$\iint_S \varepsilon_0 E_n dS = Q \tag{2.22}$$

を得る。この式が**ガウスの定理**（Gauss theorem）と呼ばれるものであり，閉曲面の内部にある電荷は，$\varepsilon_0 E$ の面積分に等しい。いまは点電荷 Q を考えたが，Q の大きさ，位置にかかわりなくこの関係は成立する。

2.6 電位の傾き

いま，図 2.13 に示すように，空間における任意の点 P における電界を E とすれば，E はベクトル量であるため，その x, y, z 成分を E_x, E_y, E_z とする。

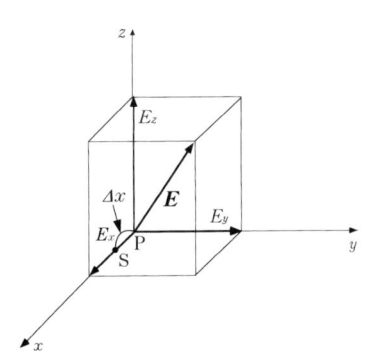

図 2.13 電界の成分

このとき，E の大きさ $|E|$ は

$$E = |E| = \sqrt{E_x^2 + E_y^2 + E_z^2} \tag{2.23}$$

となる。さて，点 P より x 方向に微小距離 Δx 離れた点を点 S とし，PS 間の電位差を ΔV とすれば

$$\Delta V = -\int_0^{\Delta x} E_x dx = -E_x \int_0^{\Delta x} dx = -E_x \Delta x \tag{2.24}$$

ただし，ここで Δx はきわめて微小な距離であるため，PS 間では E_x は一定

であると仮定する．上式より，$E_x=-(\Delta V/\Delta x)$ となり，それを微分形で書き表せば

$$E_x=-\frac{\partial V}{\partial x} \tag{2.25}$$

となる．同様に，y 方向，z 方向について考えれば

$$E_y=-\frac{\partial V}{\partial y}, \quad E_z=-\frac{\partial V}{\partial z} \tag{2.26}$$

いま，$\boldsymbol{E}$ を成分 E_x，E_y，E_z で x，y，z の各単位ベクトルを $\boldsymbol{i}$，$\boldsymbol{j}$，$\boldsymbol{k}$ と置くと

$$\boldsymbol{E}=-\left(\boldsymbol{i}\frac{\partial V}{\partial x}+\boldsymbol{j}\frac{\partial V}{\partial y}+\boldsymbol{k}\frac{\partial V}{\partial z}\right) \tag{2.27}$$

一般に x，y，z 方向への傾きを成分としたベクトルは grad で表されるため，電位 V の傾きを成分としたベクトルはつぎのように書き表される．

$$\mathrm{grad}\ V=\left(\boldsymbol{i}\frac{\partial V}{\partial x},\ \boldsymbol{j}\frac{\partial V}{\partial y},\ \boldsymbol{k}\frac{\partial V}{\partial z}\right) \tag{2.28}$$

このベクトルを**電位の傾き**（electric potential gradient）という．

この関係を使用すれば，式 (2.27) は

$$\boldsymbol{E}=-\mathrm{grad}\ V \tag{2.29}$$

このように，電位と電界は式 (2.29) で結ばれる．

2.7　ポアソンの式，ラプラスの式

電荷が空間的に分布している場合について考えよう．
いま，Δv なる微小体積を考え，その電荷密度を ρ とすれば

$$Q=\Delta v\rho \tag{2.30}$$

となる．この関係をガウスの定理式 (2.22) に代入すれば

$$\iint \varepsilon_0 E_n dS=\rho\Delta v \tag{2.31}$$

いま，上式を整理して，$\Delta v \to 0$ の極限を考えると

$$\lim_{\Delta v \to 0}\frac{1}{\Delta v}\iint E_n dS=\frac{\rho}{\varepsilon_0} \tag{2.32}$$

左辺はベクトル演算では $\boldsymbol{E}$ の発散 div $\boldsymbol{E}$ に相当するため

$$\operatorname{div} \boldsymbol{E} = \frac{\rho}{\varepsilon_0} \tag{2.33}$$

式 (2.33) に式 (2.29) の $\boldsymbol{E} = -\operatorname{grad} V$ を代入すれば

$$\operatorname{div}(-\operatorname{grad} V) = \frac{\rho}{\varepsilon_0} \tag{2.34}$$

ここで，ベクトル演算記号 $\nabla^2 = \operatorname{div}\operatorname{grad}$ の関係を用いれば

$$\therefore \quad \nabla^2 V = -\frac{\rho}{\varepsilon_0} \tag{2.35}$$

上式を微分形で書き表せば

$$\frac{\partial^2 V}{\partial x^2} + \frac{\partial^2 V}{\partial y^2} + \frac{\partial^2 V}{\partial z^2} = -\frac{\rho}{\varepsilon_0} \tag{2.36}$$

この式を**ポアソンの方程式**（Poisson's equation）という。このようにポアソンの式はガウスの式を微分形で表した形となる。ポアソンの式は空間の電位を測定することによって，電荷密度の空間分布がわかる点で実用上，大変重要である。また，右辺＝0，すなわち

$$\frac{\partial^2 V}{\partial x^2} + \frac{\partial^2 V}{\partial y^2} + \frac{\partial^2 V}{\partial z^2} = 0 \tag{2.37}$$

の形を**ラプラスの方程式**（Laplace's equation）という。

3 電子

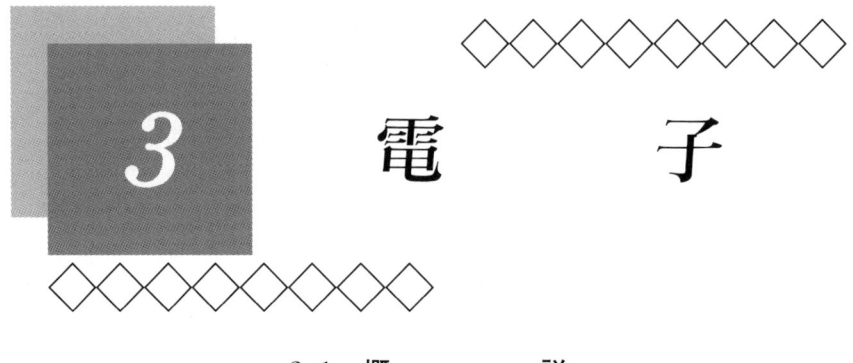

3.1 概説

　19世紀の末，物質の究極の構成要素は原子であることがほぼ確定的となり，それ以上小さい微粒子は存在しないように思えた。しかし，真空放電の研究を通してトムソンが電子を発見し，油滴の実験によってミリカンが電荷の測定を行うなど，原子よりさらに微小な粒子として電子の性質が明らかになった。

　一方，電子が粒子的性質のみならず波動としての性質をもつことがわかってきた。例えば，ラムザウアー（C. Ramsauer）は非常に遅い電子を原子に衝突させると，かえって衝突しづらいことを実験的に確認した。一方，デビッソン（C. J. Davisson）やフレネル（A. J. Fresnel）によって，電子は干渉や回折などの光の波動が示す諸性質を持つことを確認した。そして，ド・ブロイ（L. V. de Broglie）により電子波，一般に物質波が確立された。この章では，以上のように先人の発見の後をたどりつつ電子の基本的性質について学ぶ。

3.2 比電荷の測定

　トムソンは1897年，イギリスのキャベンディッシュ研究所において図3.1に示すように，陰極から放射した電子ビームを陽極で加速して電界と磁界が印加されている空間でそれらを曲げた後，蛍光板をたたいて光を放射させ，その位置を観測することによって，**比電荷**(specific charge)(e/m_e)を求めている。

　トムソンの実験ではx方向に磁界を，y方向に電界を印加しているが，いま，図3.2に示すようにy方向に電界と磁界を同時に印加した場合について

3.2 比電荷の測定

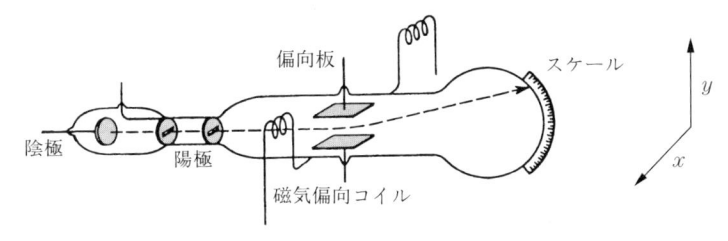

図3.1 トムソンの実験

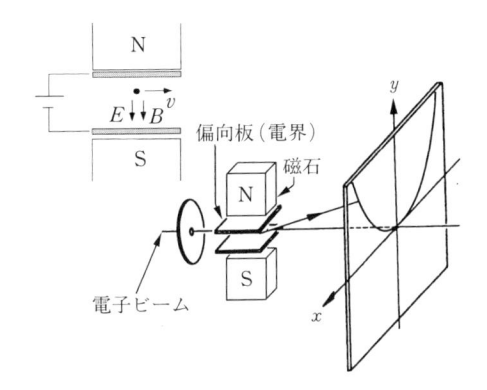

図3.2 電界と磁界による偏向

考えてみよう。同図で偏向板の部分を拡大すれば図3.3に示すようになる。

図3.3において，電界を発生する平行平板間の距離を d，その長さを l とすれば，平行平板間に印加する電圧 V から，極板間の電界 E は

$$E = \frac{V}{d} \tag{3.1}$$

となる。このとき電子に作用する力 F は，次式で与えられる。

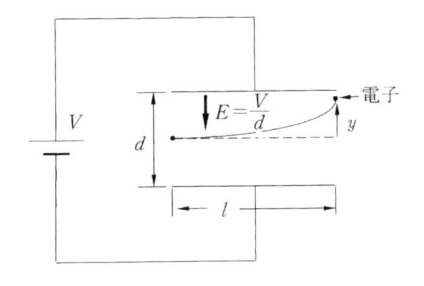

図3.3 電界による電子の偏向

$$F = eE \tag{3.2}$$

そこで，電子の質量を m_e，電子が受ける加速度を a とすれば，次式を得る．

$$F = m_e a \tag{3.3}$$

式 (3.1)，式 (3.2)，式 (3.3) より

$$m_e a = e\frac{V}{d} \tag{3.4}$$

となり，加速度は

$$a = \left(\frac{e}{m_e}\right)\left(\frac{V}{d}\right) \tag{3.5}$$

となる．電子が平行平板内で電界の作用を受けている時間 t は，電子の速度を v とすれば

$$t = \frac{l}{v} \tag{3.6}$$

したがって，この空間から放射されるときの y 方向の変位 y は

$$y = \frac{1}{2}at^2 \tag{3.7}$$

式 (3.7) に式 (3.5) の a と式 (3.6) の t を代入すれば，次式を得る．

$$y = \frac{1}{2}\left(\frac{e}{m_e}\right)\left(\frac{V}{d}\right)\left(\frac{l}{v}\right)^2 \tag{3.8}$$

すなわち，入射電子ビームの速度が一定であれば，変位は印加電圧に比例することがわかる．式中表示された e/m_e は電荷と質量の比であることから比電荷と呼ばれる．

また，一方において電子は磁界の空間を同時に通過するが，図 3.4 に示すように電子が磁界の方向と速度の方向に垂直な方向すなわち x 方向へ受ける力

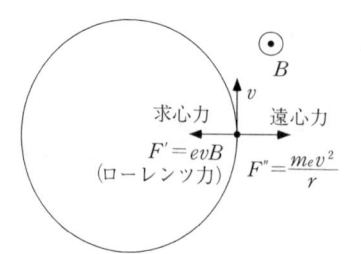

図 3.4　ローレンツ力と電子の円運動

3.2 比電荷の測定

F' は**ローレンツ力**（Lorentz's force）として知られており，磁束密度を B とすれば次式で与えられる．

$$F' = evB \tag{3.9}$$

この力は電子をこの空間において円運動をさせる求心力として作用する．また，円運動するときの遠心力を F'' とすれば，曲率半径 r を用いてつぎのように与えられている．

$$F'' = \frac{m_e v^2}{r} \tag{3.10}$$

電子は円運動をするために，電子に働く求心力と遠心力は平衡する．すなわち，F' と F'' は等しくなる．そこで，式（3.9）を式（3.10）より

$$evB = \frac{m_e v^2}{r} \tag{3.11}$$

この式より，曲率半径は

$$r = \frac{m_e v}{eB} \tag{3.12}$$

そこでこの電子に作用する x 方向の加速度を a_c とし，偏向角がわずかであるとすれば式（3.10）と $F'' = m_e a_c$ より

$$a_c = \frac{v^2}{r} \tag{3.13}$$

したがって，**図 3.5** に示すような磁界中において磁界の領域より放射されるときの x 方向への変位を x とすれば，x は式（3.12），（3.13）を用いて

$$x = \frac{1}{2} a_c t^2 = \frac{1}{2} \left(\frac{v^2}{r} \right) \left(\frac{l}{v} \right)^2 = \frac{1}{2} \frac{l^2}{r} = \frac{eBl^2}{2m_e v} \tag{3.14}$$

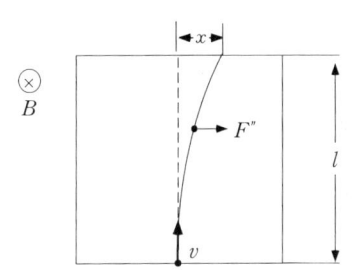

図 3.5　磁界による偏向

このように x 方向への変位は磁束密度に比例し，入射ビームの速度に反比例していることがわかる。そこで，式 (3.8) と式 (3.14) より入射電子の速度 v を消去すれば

$$y = \left(\frac{m_e}{e}\right)\frac{2}{l^2 B^2}\left(\frac{V}{d}\right)x^2 \tag{3.15}$$

を得る。ここで得られた x と y の位置は，図 3.2 で示すように偏向板の出口の所の軌跡に相当する。

そこで式 (3.15) をさらに変形すれば，比電荷として

$$\left(\frac{e}{m_e}\right) = \frac{2}{l^2 B^2}\left(\frac{V}{d}\right)\frac{x^2}{y} \tag{3.16}$$

ここで，l, d は偏向板の幾何的寸法であり，V, B は印加電圧および印加磁束密度である。実際には電子ビームは偏向板を越えた後で直線運動をして蛍光板上に拡大されて投射される。そこで，後述のように幾何的寸法より x, y の値を計算すれば比電荷を推定することができる。

3.3 電子の電荷

アメリカのシカゴ大学においてミリカンは弟子のフレッチャー (H. Flet

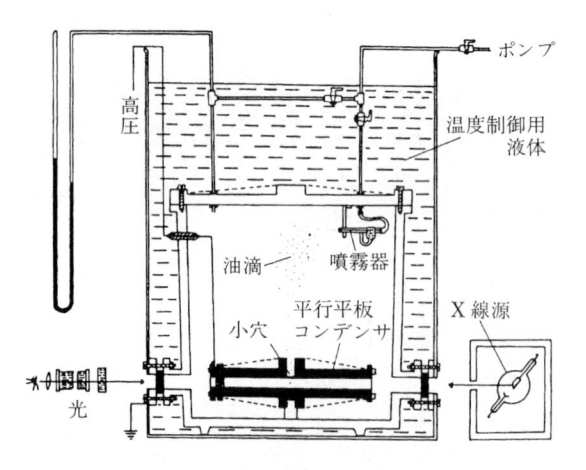

図 3.6 ミリカンの油滴実験[1]†

---

† 肩付き数字は，巻末の参考文献の番号を表す。

cher) とともに，図 3.6 に示すような装置を考案し，電気量の測定を試みた。1911 年のことであった。

　すなわち，この装置においては間隔 d の平行平板電極の上側電極の中心より油滴が噴射するようになっている。噴射された油滴に対して，電極の横の位置より放射線を当てると，放射線のエネルギーによって油滴の一部は電離し，油の表面には電荷 q が帯電する。

　このとき，両電極間に電圧 V を印加すると，空間に電界 E が発生し，油滴には静電気力 qE が作用する。一方，自らは質量 m なる物質に対して，mg の重力が作用する。そこで，油滴の形や電圧を種々変えて実験すると，図 3.7 に示すように静電気力と重力が一致して，空間で油滴を静止することができ，つぎの条件が成立する。

$$qE = mg \tag{3.17}$$

$$q\left(\frac{V}{d}\right) = mg \tag{3.18}$$

$$q = \left(\frac{d}{V}\right)mg \tag{3.19}$$

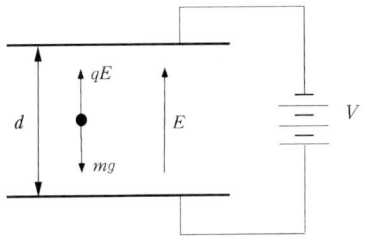

図 3.7 静電気力と重力のバランス

　ここで，m は油滴の質量であるため，球と考えられる油滴の半径を r，密度を ρ とすれば

$$m = \frac{4}{3}\pi r^3 \rho \tag{3.20}$$

r の値は望遠鏡の倍率から算出することができる。式 (3.20) を式 (3.19) に代入すれば，次式となる。

$$q = \frac{4}{3}\pi r^3 \rho g \left(\frac{d}{V}\right) \tag{3.21}$$

このようにして得られる q の値は電子の集団の値であることがわかる。ミリカンは，この q の値についてさらに詳細に分析した結果，q の値が素電荷 q_1 の整数倍となっていることをつきとめた。すなわち

$$q = q_1 \times n \tag{3.22}$$

ここで q_1 の値は

$$q_1 = 1.6 \times 10^{-19} \, \text{C} \tag{3.23}$$

であり，現在精密に測定されている電子の素電荷の値とほとんど等しい。

3.4 電子の質量

このように電子の電荷がミリカンによる油滴実験の結果より求められ，また，前節で述べたように電子の比電荷についてトムソンの測定があり，これら二つの関係より電子の質量を計算することができる。その結果，電子の質量は

$$m_{e0} = 9.1 \times 10^{-28} \, \text{g} \tag{3.24}$$

となった。この値は**電子の静止質量**（electron rest mass）と呼ばれる。

カウフマン（W. Kaufmann）は，比電荷について電子の速度によってどのように変わるかについて実験した。1901年のことであり，アインシュタインの相対性理論が出る4年前のことであった。カウフマンの実験方法は，トムソンが比電荷の測定に用いたのと同じ方法である。カウフマンが使用した電子は，放射線から得られた β 粒子（高速電子）であった。β 線の速度を変えて電磁界中に投射すると，その軌跡が比電荷を一定として放物線曲線からずれて測定された。いま，図3.2に示す装置で偏向板の電圧を V，磁束密度を B とするとき，この電磁界中を移動した後の電子の偏向曲線は式 (3.15) で示すように

$$y = \left(\frac{m_e}{e}\right) \frac{2}{l^2 B^2} \left(\frac{V}{d}\right) x^2 \tag{3.15}$$

で与えられる。そこで，電圧，磁束密度を固定し

$$K = \frac{2}{l^2 B^2}\left(\frac{V}{d}\right) \tag{3.25}$$

とおけば，式 (3.15) は次式のように書くことができる。

$$y = K\left(\frac{m_e}{e}\right)x^2 \tag{3.26}$$

この式は m_e が一定であれば，図 3.8 に示すような放物線となり，速度 v が増加するに従って，x, y 軸との各点は，速度（v_1, v_2, v_3, …）に対応した値（x_1, y_1, x_2, y_2, …）をとるはずである。

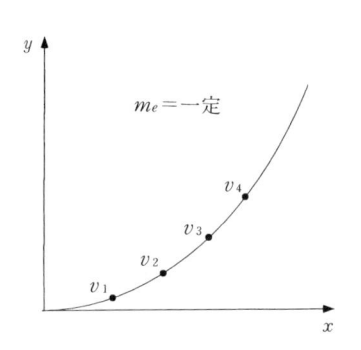

図 3.8　m_e 一定の放物線

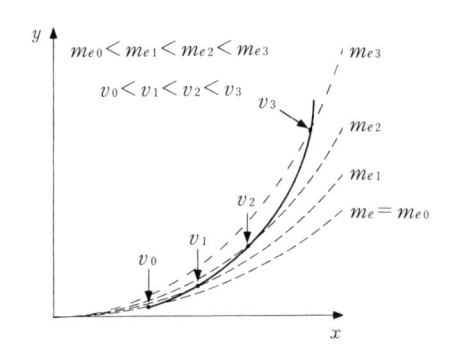

図 3.9　カウフマンの実験

ところが，実際に v を増加させて測定してみると，得られる値は m_e＝一定のグラフでなく，図 3.9 に示すように m_e を増加して得られる曲線部を横切っていく曲線となった。

このことは，速度が増加すると，質量 m_e は m_{e1}, m_{e2}, m_{e3}, …と連続的に増加することを意味する。そこで，速度と質量の変化の様子をプロットすると図 3.10 に示すようになる。

これらの測定結果より，増加していく質量を速度の関係として求めると，次式を得る。

$$m_e = m_{e0}\frac{1}{\sqrt{1-\frac{v^2}{c^2}}} \tag{3.27}$$

ここで，c は真空中での光の速度，m_{e0} は $v=0$ のときの m_e である。この式

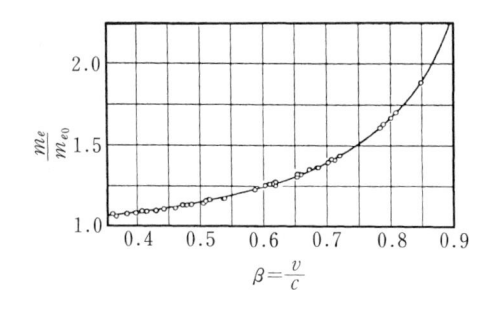

m_e：電子の質量，m_{e0}：電子の静止質量，v：電子の速度，c：光速

図 3.10　電子の速度と質量の関係

は，**ローレンツの式**（Lorentz equation）に一致しており，またこの式はその後，相対性理論で得られた式とも一致している。

3.5　電子の大きさ

電子そのものは原子と同様，目で見ることはできない非常に小さいもので，原子核や陽子のような内部構造をもたない点状のものである。半古典的に球形を考えれば，その寸法を推定することができる。いま，電子の半径を r_e として，電子の電荷を $-e$ とし，そのすべての電荷が電子の表面に分布していると仮定しよう。さらに，質量とエネルギーの等価原理により，質量が変換されるエネルギーは静止質量の光速の 2 乗倍（c^2）になる，したがって，そのエネルギー E は

$$E = m_{e0} c^2 \tag{3.28}$$

で与えられる。一方，電荷 $-e$ の電子のポテンシャルエネルギー W_p は

$$W_p = \frac{e^2}{4\pi\varepsilon_0 r_e} \tag{3.29}$$

を得る。これらを等しくおけることが理論的に知られている。したがって，式 (3.28) と式 (3.29) より

$$m_{e0} c^2 = \frac{e^2}{4\pi\varepsilon_0 r_e} \tag{3.30}$$

したがって

$$r_e = \frac{e^2}{4\pi\varepsilon_0 m_{e0} c^2} \tag{3.31}$$

すでに求めた $e=1.6\times10^{-19}$ C, $m_{e0}=9.1\times10^{-31}$ kg を代入して計算すると
$$r_e=2.82\times10^{-15}\text{ m} \tag{3.32}$$
となる。

　電子の大きさを実験によって測定するためには，原子の半径の測定と同じように後述のような**衝突断面積**（collision cross section）を使用する。すなわち，X線を電子に放射して，このときのX線の散乱状態から衝突断面積を測定することができる。このようにして測定された値はおよそ上述の値に一致する。

3.6　電子の波動性

　以上のように，電子は質量 m_e，電荷が $-e$ の粒子である概念が把握されてきた。しかしながら，その後電子についてのいろいろな実験を重ねていくうちに，電子が干渉とか回折とかいう波の性質をもつことが観察され始めた。ここで，まずこれらの観察結果について述べ，物質波の概念について考えよう。

3.6.1　ラムザウアー効果

　ラムザウアーは，電子が気体原子と衝突するときに，電子の速度によって衝突断面積（9章衝突断面積参照）がどのように変化するかについて調べるために，図3.11に示すような実験装置を考案し，いろいろな気体原子の衝突断面積の測定を行った。図に示されるように，装置には電子の供給源のフィラメントと数段のスリット（$S_1 \sim S_7$）および電子を回収するファラデーゲージFが取り付けられており，電子ビームに垂直に磁界が印加されている。そのため電

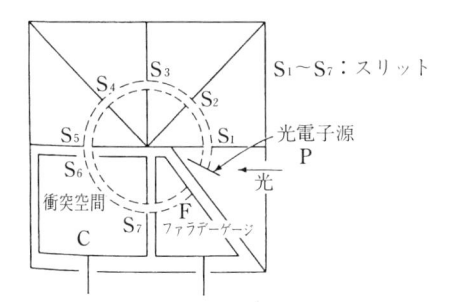

図3.11　ラムザウアーの実験[2]

子は同一平面上を円運動をすることになる。

この場合，電子の円運動の半径は式 (3.12) で示されるように，$r=m_ev/eB$ で与えられる。そこで，電子源から放出された電子は垂直磁界の影響を受けて円運動を行い，途中のスリットを通り抜けてコレクタに到達する。スリットは何段にも配置されているため，スリットを通り抜ける電子の速度の軌道半径は限定される。

そこで，スリットからスリットの間で他の粒子との衝突を起こせば速度の大きさや方向が変わり，つぎのスリットは通り抜けられない。すなわち，図で衝突空間 C に入ってくる電子の速度は非常に均一なものとなる。衝突空間 C に入った後，途中で衝突が発生しなければ，電子の発生源から放出された電子は固定された円軌道を運動してファラデゲージ内のコレクタに回収される。ガス圧が増加すると，衝突が増えてコレクタ電流が減少する。したがって電子が進行していく行程を知れば，全衝突断面積を知ることができる。

いま，電子源から放出された電子は，所定のエネルギーまで加速されて，スリット S_1 に突入する。もし S_1 に入った電子が S_1 から S_6 の間で衝突を起こさなければ，衝突空間 C に入る。いま測定しようとする気体の圧力を p_1 とし，コレクタに入る電流を i_1 とし，C に入る全電流を j_1，S_6 と S_7 との間の円軌道の行程を x とすれば，i_1 は次式で与えられる

$$i_1 = j_1 \exp(-\alpha p_1 x) \tag{3.33}$$

ここで α は単位長さあたりの吸収係数である。同様に，圧力が p_2 のときのそれぞれの値を i_2 と j_2 とすれば

$$i_2 = j_2 \exp(-\alpha p_2 x) \tag{3.34}$$

したがって，α は次式のように各測定値により算出することができる。

$$\alpha = \frac{1}{x(p_1-p_2)} \ln\left(\frac{j_1 i_2}{j_2 i_1}\right) \tag{3.35}$$

一方 α は，単位圧力，単位体積あたりの分子の数 n との間に，次式が成立する。その結果次式より，Q の値を求めることができる。

$$\alpha = nQ \tag{3.36}$$

ここで，Q は**全衝突断面積**（total collision cross section）である．図 3.12 にはこのような方法によって得られた Ar，Kr，Xe の全衝突断面積を示す．

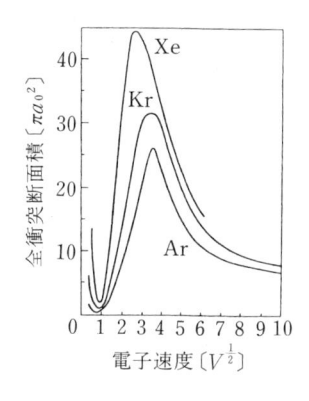

図 3.12 Ar, Kr, Xe の全衝突断面積[2]

このような結果は，どのように解釈したらよいであろうか．すでに述べたように，この実験の結果は古典論から離れており，波動論による取扱いが必要となる．このような衝突断面積の速度依存性において最小値が存在するのは粒子の寸法が電子の波長と同程度となるときに起きる回折が生じるためであると考えられる．

3.6.2 ド・ブロイ波

以上のいろいろな観察の結果より，電子には粒子の性質のほかに，波としての性質があることがわかってきた．いったいこのようなことがなぜ生じるのであろうか．われわれが物体を光学顕微鏡で観察したとき判別できる長さには限界があり，これを分解能と呼んでいる．われわれがいかなる方法を用いて観察しても，見分けることができる 2 点間の長さを Δx，区別できるような運動量を Δp とすれば

$$\Delta x \cdot \Delta p \geq \frac{h}{2\pi} \tag{3.37}$$

なる条件が成立する．この条件のことを**ハイゼンベルグの不確定性原理**（Heisenberg uncertainty principle）と呼んでいる．そこで，電子の位置に関する分解能を犠牲にして，すなわち Δx を大きくとったり，Δp を高める方法を選べば電子を波動として扱える．このような方法を量子論という．

この場合，電子の位置に関する情報は漠然としたものになり，単にその場所に電子が存在する確率が与えられる．電子を表す波動の振幅の2乗がこの確率を表すことになる．この波を**ド・ブロイ波**（de Broglie wave）という．ド・ブロイによれば，光が粒子の性質を持つように，電子は波の性質を備えているのである．彼は，運動量 p と波長 λ の間には

$$p = \frac{h}{\lambda} \tag{3.38}$$

の基本的関係があると仮定している．ここで h は**プランク定数**（Planck constant）である．もし，運動量を質量と速度で表せば，$p=mv$，そこで，非相対論的速度 v，運動エネルギーを E_{kin} とすれば

$$E_{kin} = \frac{1}{2} mv^2, \quad v = \sqrt{\frac{2E_{kin}}{m}} \tag{3.39}$$

とすれば

$$\lambda = \frac{h}{\sqrt{2mE_{kin}}} \tag{3.40}$$

電圧 V で加速される電子に対しては，つぎの波長の性質をもつことになる．

$$\lambda = \frac{12.3}{\sqrt{V}} \quad [\text{Å}] \tag{3.41}$$

波長はオングストローム単位で測定し，運動エネルギーは eV に変換される．例えば加速電圧が 54 V であれば，$\lambda = 1.67$ Å となる．

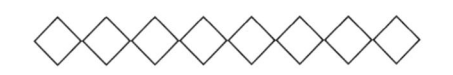

4 熱放射と光量子

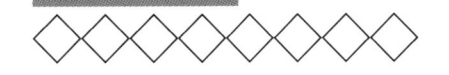

4.1 概　　説

　古典物理学はニュートンによる力学やマックスウェルによる電磁気学の集大成によって19世紀の末頃までにいろいろの分野ではほぼ理論的に大系化されてきた。しかしながら，当時の古典物理学でもなお説明のつかない現象がいくつか取り残されていた。例えば熱放射の問題，光電効果の問題，原子スペクトル線の問題，いずれも光の基本的な性質に関する問題であった。これらのうちで熱放射の問題は，プランクが生み出したエネルギー量子という概念によって解決された。このようにして生まれたエネルギー量子であるが，しばらくはこの革命的な考え方の利点には誰も気付かなかった。

　やがて，アインシュタインが光電効果について光もエネルギーを持つ粒子として光量子を導入して説明し，解決した。またボーアが原子スペクトルの問題を光量子を導入して説明した。このようにして19世紀末の未解決の光の諸問題がプランクの導入したエネルギー量子，アインシュタインによる光量子によってすべて解決された。そこで，この章ではエネルギー量子がどのようにして誕生したかについて学ぶことにする。

4.2 熱　放　射

　赤熱した炭火の近くにいくと，顔や手が温かくなる現象は誰しも経験したところであろう。炭火に限らず，真っ赤になった鉄のような金属でも，一般に高温の物体に近付くだけで熱くなる。このような現象は**熱放射**（heat radiation）

と呼ばれ，高温の物体から赤外線などの熱エネルギーが放射される現象である。このような赤外線や可視光などはすべて電磁波の一種であり，物体はいろいろの波長の電磁波を放射しているのが知られている。物体から放射される放射エネルギーを波長の関数として表した放射スペクトルはその温度に依存することが経験的に知られている。

4.3 放射と吸収

あらゆる物体は，**放射**（radiation）を行うとともに，外部から放射エネルギーを**吸収**（absorption）していることが知られている。そのため，ある物体が一定の温度の中におかれて熱平衡状態に到達した後でも，その物体からの放射と外部からの吸収は止まったわけではなく，その物体は周囲に放出したエネルギーと同じ量を周囲から吸収しているのである。

リッツ（W. Ritz）は1833年，放射と吸収との間には関連性が存在することを単純な実験によって証明している。いま，物体の単位面積の表面から単位時間当たり放射するエネルギーを**放射能**（emissive power）e と定義する。同様に，放射されたエネルギーの一部を単位面積の表面に，単位時間あたり吸収する割合を**吸収係数**（absorption coefficient）a と定義する。いま，材質の異なる二つの物体 A，B があり，それぞれの放射能を e_A，e_B，吸収係数を a_A，a_B とするとき，単純な実験でつぎの関係が成立することが確かめられた。

$$\frac{e_A}{a_A}=\frac{e_B}{a_B} \tag{4.1}$$

このように，放射能と吸収係数の比は一定となる。そこで，放射能が高い物質はまた吸収係数も高くなる。

いま物体 B の表面の吸収係数 a_B が $a_B=1$ である場合，外部からの放射を受けた放射エネルギーは完全に吸収される。このような物体は**黒体**（black body）と呼ばれる。黒体の放射能を e_B とすれば，式 (4.1) に $a_B=1$ を代入して

$$\frac{e_A}{a_A} = \frac{e_B}{1} \tag{4.2}$$

上式より $e_B > e_A$ であることがわかる。すなわち黒体の表面は，温度が同じであれば他の物体の表面よりも多くの放射エネルギーを放射することになる。

4.4 温度一定の容器の熱放射

熱放射の性質についてさらに詳しく調べるため，図 4.1 に示すような温度が一様な容器について，その熱放射の特性について考えよう。

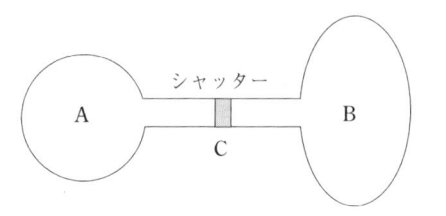

図 4.1 温度一定の容器

この容器の内壁は熱放射を通さない壁でできており，また，この容器全体の温度は一定に維持されているものと仮定しよう。このような温度一定の容器内の熱放射のエネルギー密度とその波長の性質は，この容器の大きさや形状，壁の性質などには無関係となり，容器の温度にのみ依存することを示そう。

いま温度が一定の容器を二つの領域 A，B に分けて，A と B はパイプで連結し，そのパイプの途中に，熱放射を通過させたり，遮断できるシャッター C をつないでみる。いまシャッター C を開放の状態にしておき，十分長い時間この容器全体を加熱すれば，容器全体は一定の温度になり，容器内は熱放射で満たされることになり，A，B 内の熱放射のエネルギー密度は等しくなる。

その理由はもし仮に A の熱放射エネルギー密度が B のそれより大きいと仮定すれば，A から B への熱放射の移動が生じる。そこでシャッターを閉じれば，B に移動した熱放射エネルギーは B の壁を加熱するため B の温度は上昇し，逆に A の壁は冷却していくことになる。

このようなことは最初の条件に反し，熱力学の第 2 法則に反する。したがって，温度が一定の場合には熱放射エネルギー密度は同じとなる。また，同じ理

論を用いて領域 A，B の熱放射のそれぞれの波長に対するエネルギー分布状態も同じであることが証明される。

4.5 キルヒホッフの法則

物体をある温度にしたときに，どのような波長のスペクトルがどの程度放射されるかについて，実験的に調べる必要がある。それには，あらゆるスペクトルを一様に放射する物質が必要となるが，自然界にはそのような物質は存在しない。キルヒホッフ（G. Kirchhoff）は，放射と吸収の関係が，各スペクトルについても成り立つことを実験的な観察より求めた。

いま，図 4.2 に示すように温度 T の容器 A の中に，ある物体 B をおいて熱平衡状態に到達した場合について考えよう。

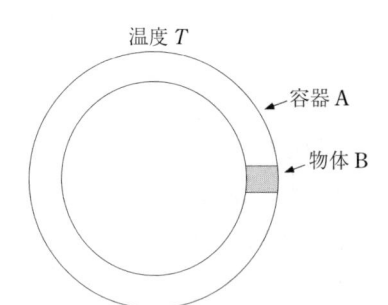

図 4.2 熱平衡状態の説明

前節で調べたようにこの物体の表面に入射する熱放射の量は温度 T にのみ依存する。放射エネルギーと吸収エネルギーの平衡状態から波長 λ と $\lambda+d\lambda$ の間のエネルギー量 dQ_λ は次式から求められる。

$$dQ_\lambda = e_\lambda d\lambda + (1-a_\lambda)\,dQ_\lambda \tag{4.3}$$

ここで，$e_\lambda d\lambda$ は放射エネルギー，$a_\lambda dQ_\lambda$ は吸収エネルギー，この式より

$$\frac{e_\lambda}{a_\lambda} = \frac{dQ_\lambda}{d\lambda} = E_\lambda = f(\lambda,\ T) \tag{4.4}$$

すなわち，物体の放射能 e_λ と吸収係数 a_λ との間には一定の関係があり，それを上式のように E_λ とおけば，E_λ は $a_\lambda=1$ のときの e_λ となる。ここで，$a_\lambda=1$ であることは吸収が 100％ 起きるような黒体を意味しており，そのときの e_λ

は黒体の放射能である。

黒体の放射能 e_λ は λ と T にのみ依存するため，前述のように $f(\lambda, T)$ と書ける．上の結果は**キルヒホッフの放射法則**（Kirchhoff's law of radiation）と呼ばれる．このように，放射と吸収の関係は，あらゆるスペクトルに関して成り立つ．すなわち，ある波長 λ を放射しやすい物質は同時にこの波長の放射エネルギーを吸収しやすいことがわかる．

4.6 空洞放射

前節で述べたように，すべての波長の光を放射する物体はすべての波長の光を吸収する物体であるから，そのような物体について考えれば完全黒体であることがわかる．しかし，自然界で完全黒体を得ることは難しい．そこで人工的に完全黒体を作り出すことを考えてみよう．ウィーンが考えたのは図 4.3 に示すようなものである．

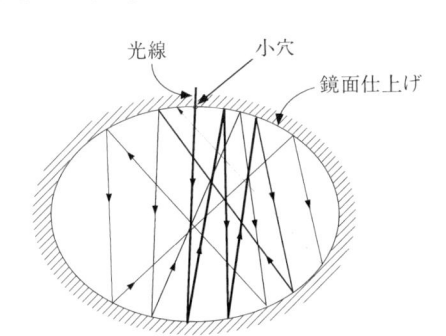

図 4.3 ウィーンの完全黒体

いま大きな容器の内壁を鏡面仕上げにして，容器の一部に針を刺したような小さな穴をあけてみる．この小穴から入射した光は，図に示すように，内壁で何度も反射を繰り返す．光の放射エネルギーの一部は，反射するごとに内壁に吸収される．

したがって，無限に近いほど多くの反射を繰り返すと，光のエネルギーのすべては内壁に吸収される．その結果，再び同じ穴から光が外部に放射されることはない．逆にこの物体を外部より加熱すれば，その温度に対応した波長の光

がこの穴から放射される．このように，この物体はあらゆる波長の光を放射するとともに吸収することから**完全黒体**（perfect black body）となる．以上のような容器の一部に小さな穴をあけて人工的に完全黒体にした容器からの放射は**空洞放射**（hollow space radiation）と呼ばれる．

4.7　ウィーンの変位則

いま黒体からの放射をスペクトルメータのスリット上に焦点を合わせて入射させて，プリズムによって分光し，センサで測定すれば，スペクトル強度の波長に対する分布曲線が得られる．これらの曲線は，ある波長 λ_m で最大値を持つことがわかる．そこで，温度を変えて一連のスペクトル測定を行えば，**図4.4**に示すような曲線が得られる．

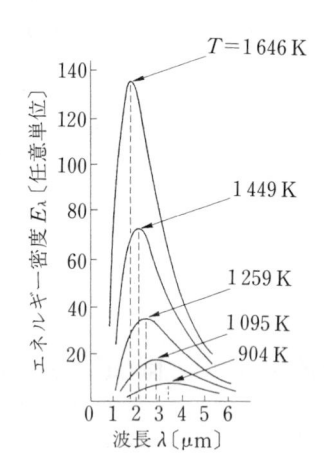

図4.4 黒体放射によるスペクトル

この曲線は，スペクトル強度が温度の増加とともに急激に増加する**シュテファン・ボルツマンの式**（Stefan・Boltzmann's equation）に対応する．

$$\int_0^\infty e_\lambda d\lambda = \sigma T^4 \tag{4.5}$$

σ は**シュテファン・ボルツマン定数**（Stefan Boltzmann's constant）と呼ばれ $\sigma = 5.67 \times 10^{-8}$ W/m^2 K^4 である．また，曲線の最大値の位置は温度の増加とともに短い波長に向かって推移する．スペクトル強度の最大値が，温度とと

もに波長の短いほうに推移する経過よりつぎの関係式が成立する．この関係は**ウィーンの変位則**（Wien displacement law）と呼ばれる．

$$\lambda_m T = 一定 \tag{4.6}$$

この関係は1893年ウィーンによって理論的に導かれたが，その後実験的に確認された．

4.8 プランクの量子仮説

すでに前節で述べたように，黒体から放射されるスペクトル強度は波長の増加とともに増加し，最大値に到達しその後さらに波長が長くなると減少するというものであった．この実験結果を説明するために，多くの試みがなされた．中でもウィーンによる説明とレーリーとジーンズによる説明が実験結果の一部を説明することができた．ウィーンの研究は波長の短い領域を説明しており，ウィーンの式として知られている．一方レーリーとジーンズの研究は波長の長い領域を説明しているが，それらの全体を説明することはできなかった．

ウィーンにしろレーリーとジーンズにしろ，古典物理学の手法を用いており，特にレーリーとジーンズの方法は，マックスウェルによる電磁波理論と**エネルギー等分配則**（principle of equipartition）によってスペクトルの放射則を導いたものであり，古典物理学の限界であった．

黒体放射（black body radiation）に関する古典物理学の欠点は，プランクによって解決された．プランクはこの問題を再検討し，1900年に非常に高い精度で実験結果を説明する理論を発見した．従来の古典物理学においては，放射エネルギーの値は連続的に変わるものであるが，プランクはそのような古典物理学的発想をやめて，放射エネルギー ε のとり得る値は，以下のように $h\nu$ の整数倍の値しかとり得ないものと仮定した．

$$\varepsilon = 0,\ h\nu,\ 2h\nu,\ 3h\nu,\ \cdots \tag{4.7}$$

このようにすると，放射エネルギーの授受や増減は，すべて $h\nu$ 単位として行われることになる．そのため，$h\nu$ は**量子**（quantum）といわれ，このとき h はつぎのような定数であり，プランク定数と呼ばれる．

4. 熱放射と光量子

$$h = 6.625 \times 10^{-34} \text{ J·s} \tag{4.8}$$

一方,放射エネルギーが ε の状態をとり得る状態の数 $n(\varepsilon)$ は,**ボルツマン分布**(Boltzmann distribution)として知られており

$$n(\varepsilon) = A e^{-\frac{\varepsilon}{kT}} \tag{4.9}$$

の分布をとる。ここで A は定数である。したがって,放射エネルギーが式 (4.7) のように不連続の値をとるときに,それに対応した分布は

$$n(\varepsilon) = A,\ A e^{-\frac{h\nu}{kT}},\ A e^{-\frac{2h\nu}{kT}},\ A e^{-\frac{3h\nu}{kT}} \tag{4.10}$$

の値をとることになる。

そこで,振動数 ν の放射エネルギーが,温度 T でもつべき平均放射エネルギー $\bar{\varepsilon}$ を求めてみよう。平均放射エネルギーは,振動数 ν の全放射エネルギー E と放射モードの総数 N の比をとればよい。すなわち

$$\bar{\varepsilon} = \frac{E}{N} \tag{4.11}$$

ここで,N は,$n(\varepsilon)$ の各項の和として与えられる。すなわち

$$N = A + A e^{-\frac{h\nu}{kT}} + A e^{-\frac{2h\nu}{kT}} + A e^{-\frac{3h\nu}{kT}} + \cdots = \frac{A}{1 - e^{-\frac{h\nu}{kT}}} \tag{4.12}$$

一方,このときとり得る全放射エネルギーは,各エネルギーのとり得る放射エネルギー(エネルギー×状態数)の和として考えられるから

$$\begin{aligned} E &= 0 \cdot A + h\nu \cdot A e^{-\frac{h\nu}{kT}} + 2h\nu \cdot A e^{-\frac{2h\nu}{kT}} + 3h\nu \cdot A e^{-\frac{3h\nu}{kT}} + \cdots \\ &= h\nu \cdot A e^{-\frac{h\nu}{kT}} \left(1 + 2 e^{-\frac{h\nu}{kT}} + 3 e^{-\frac{2h\nu}{kT}} + \cdots\right) \\ &= \frac{h\nu \cdot A e^{-\frac{h\nu}{kT}}}{\left(1 - e^{-\frac{h\nu}{kT}}\right)^2} \end{aligned} \tag{4.13}$$

したがって,平均放射エネルギー $\bar{\varepsilon}$ は式 (4.11) に式 (4.12),式 (4.13) をそれぞれ代入すれば

$$\bar{\varepsilon} = \frac{E}{N} = \frac{h\nu \cdot e^{-\frac{h\nu}{kT}}}{1 - e^{-\frac{h\nu}{kT}}} = \frac{h\nu}{e^{\frac{h\nu}{kT}} - 1} \tag{4.14}$$

ここで

$$\frac{h\nu}{kT} \ll 1 \tag{4.15}$$

であるような ν が非常に小さい場合には $e^{h\nu/kT}$ はつぎのように展開できる。

$$e^{\frac{h\nu}{kT}} = 1 + \frac{h\nu}{kT} + \cdots \tag{4.16}$$

式 (4.16) を式 (4.14) に代入すれば

$$\bar{\varepsilon} = kT \tag{4.17}$$

となって古典物理学におけるエネルギー等配則に相当する。

 一方，レーリーとジーンズは古典統計力学によるエネルギー等分配則を用いて空洞の放射エネルギー密度のスペクトル分布を求め次式を得た。

$$u(\nu)\,d\nu = \frac{8\pi\nu^2}{c^3} d\nu \cdot kT \tag{4.18}$$

式 (4.18) の kT の代わりに式 (4.17) の $\bar{\varepsilon}$ で表せば

$$u(\nu) = \frac{8\pi\nu^2}{c^3} \cdot \bar{\varepsilon} \tag{4.19}$$

と表せる。そこで，先に求めた $\bar{\varepsilon}$ の式 (4.14) を上式に代入すれば，

$$u(\nu) = \frac{8\pi\nu^2}{c^3} \cdot \frac{h\nu}{e^{\frac{h\nu}{kT}} - 1} = \frac{8\pi h\nu^3}{c^3} \cdot \frac{1}{e^{\frac{h\nu}{kT}} - 1} \tag{4.20}$$

この式は，**図 4.5** に示すように，$\lambda(c/\nu)$ の小さい値から大きい値になるまで実験結果と非常によく一致する。式 (4.20) が有名な**プランクの式**である。

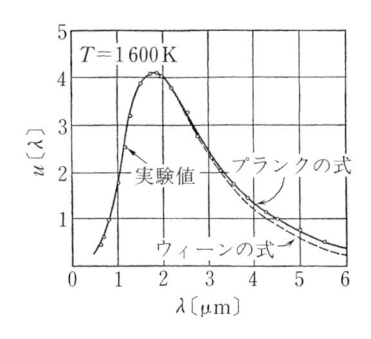

図 4.5 ウィーンの式，プランクの式と実験値

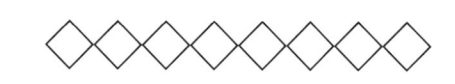

5 原子の構造

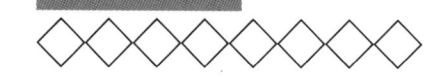

5.1 概説

　古代ギリシャ時代の哲人アリストテレスは，万物は土，水，空気，火によって構成されると考えた。これらの物質はそれぞれ固体，液体，気体およびプラズマに相当し，アリストテレスの洞察のすばらしさに感銘する。その後，多くの研究を経て，物質を構成する究極の要素が原子であることがつきとめられ，多くの原子が発見された。

　これらの原子をその性質によって分類していくと，非常に似ている性質が周期的に現れることがわかった。さらに原子の構造が明らかになるにつれ，原子は中心に原子核があり，その周りを電子が回っており，電子は電気的に負の電荷であり，原子核の正電荷と釣り合っていることがわかってきた。

　また，原子核の内部も陽子と中性子や中間子などの素粒子の集まりであることがわかってきた。原子の構造については，いろいろな模型が考えられてきたがボーアがプランクの考え出した光量子の概念を使って見事なまでに説明し，ボーア模型と呼ばれる原子模型を考え出した。この章では，原子の構造について学び，またボーア模型について解析する。

5.2 原子

　原子は $+Ze$ なる陽電荷を帯びた**原子核**（nucleus，以後単に核で表す）とこれを取り囲む Z 個の**核外電子**（extranuclear electron）とによって構成されている。このとき，Z は整数であって，周期律表における原子の番号に一致

する。Z を**原子番号**（atomic number）という。原子核の電荷$+Ze$ と核外電子の電荷の総量$-Ze$ とで打ち消しあって原子は外部的には中性の粒子である。X線その他による観測の結果，原子の外径は 10^{-8} cm 程度である。一方，原子核の大きさは 10^{-13} cm 程度である。Z は大きい場合でも 100 くらいであり，原子は近くからみれば隙間だらけであるといえよう。

5.2.1 原子核の構造

原子核を構成している要素は**陽子**（proton）と**中性子**（neutron）である。陽子は水素（H）原子の原子核そのものであって，$+e$ の電荷を有し，質量 m_H は電子の質量を m_e とすれば，次式に相当する。

$$m_H = 1\,840\, m_e = 1.67 \times 10^{-27} \text{ kg} \tag{5.1}$$

原子番号 Z の原子の核が $+Ze$ の正電荷を持っているのは，この陽子のためである。陽子の記号として p を用いることにする。中性子は陽子とほぼ等しい質量 m_n を持っているが，電気的には中性である。したがってその数は Z に影響しないで，核の質量に関係する。中性子の記号としては n を用いる。

5.2.2 原子核の質量

原子核内に含まれる中性子の数を x とすれば，原子核の質量は Z 個の陽子の質量と x 個の中性子の質量の和として表されるため

$$Zm_H + xm_n \tag{5.2}$$

となる。原子の質量としては，この外に核外電子の質量 Zm_e を加えたものになるが

$$m_e \ll m_H,\ m_n \tag{5.3}$$

であるから，電子の質量はほとんど影響がなく，原子の質量は核の質量に等しいと考えてよい。

5.2.3 同位元素

原子量は原子の質量に比例する。原子量にグラムをつけた原子と原子質量との比例定数を**アボガドロ定数**（Avogadro constant）といい，その値は

$$a = 6.022 \times 10^{23} \tag{5.4}$$

である。したがって，原子量 A は $A = a(Zm_H + xm_n)$ となる。一方におい

て，$m_H \approx m_n$ であるから，A の値は m_H の整数倍に近いはずである。

ところが原子量の表で与えられている原子量は，整数に近いものと，そうでないものがあることがわかる。それぞれの元素に対して原子の質量が一定であれば，原子量に大きな端数が起こるはずはない。それが起こるということは，元素にとって原子量が一義的なものでない。すなわち，同じ元素でも質量の異なるものが混合していることを意味する。この場合，質量の差は核内の中性子の数の差によって生じる。例えば，原子量の決定の基準となる O 原子にも 3 種類あり，自然に存在する O_2 ガスは

$A=16$ のもの 99.76 %

$A=17$ のもの 0.04 %

$A=18$ のもの 0.2 %

の混合であることがわかっている。このように，化学的性質が同じ元素でありながら質量が異なるものを**同位元素**（isotope）と呼んでいる。同位元素にあっては，核外電子の数，および核電荷の Z は同一であるが，核内の中性子の数が異なるのである。

化学反応に対しては同位元素の相違はまったく生じない。しかし，核内の反応についてはまったく別々の性質を示す。最近，放射性同位元素の利用が盛んに行われているが，それは核内の反応を使用するものであるから，同一元素についても，どの同位元素であるかをはっきり表す必要がある。

5.2.4 質　量　数

以前には O 元素の自然的混合状態にあるものの原子量を 16 と定め，これを基準にして定めた他の元素の自然混合比のままの原子量を化学原子量と定義した。このような定め方であるとその値に大きな端数が起こりうる。これに対して，O 元素のうちで原子量が 16 に相当する同位元素を基準として定めた原子量を物理原子量と定義した。これら両原子量間の関係はつぎに与えられる。

物理原子量 $=1.000\,275$（化学原子量）

しかしながら，物理原子量と化学原子量を使い分けるのには不便を生じる。そこで，近年，炭素原子 C のうちで，原子量が 12 に相当する同位元素 ^{12}C を標

準にとり，これを 12.000 00 と決め，これを**国際原子量単位**（international atomic weight unit）とすることに決めた。現在では原子量といえば，この国際原子量が一般に用いられている。

同位元素ごとの原子量は整数となるはずである。このようにして得られる整数をその同位元素の**質量数**（mass number）という。以下，これを A で表すことにする。原子核の特徴は，Z，A の二つで示され，これを元素記号とともに図 5.1 に示す。例えば，水素原子は $_1H^1$，$_1H^2$（$\equiv {}_1D^2$ 重水素（Deuterium）とも呼ぶ）と表され，原子核は Z 個の陽子と $(A-Z)$ 個の中性子より成る。

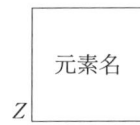

A：質量数
Z：原子番号
図 5.1　元素記号

5.3　核　外　電　子

元素の周期律表によれば，H は $Z=1$，O は $Z=8$，Cu は $Z=29$ である。Z の数だけの核外電子が核の（＋）電荷による電界中に安定して存在する。そのためには，電子は重い核を中心としてその周囲を軌道運動することが必要である。核を太陽とすれば電子は惑星に相当する。

量子論の教えるところによれば，これら Z 個の電子のとり得る状態は四つの条件によって支配される。これらの条件を表す数を**量子数**（quantum number）と呼ぶ。つぎにそれら四つの量を示す。

n ………**主量子数**（principal quantum number）
l ………**方位量子数**（azimuthal quantum number）
s ………**スピン量子数**（spin quantum number）
m ………**磁気量子数**（magnetic quantum number）

これらの量子数は，もともと電子のエネルギー，角運動量，自転の角運動量，磁気モーメントに関係する。n，l，s，m がどのような値を持つかについては，核電界中の電子の波動方程式を解いて求めることができる。許される値

はつぎのようになる。

$$n=1, 2, 3, \cdots\cdots \text{ の整数} \tag{5.5}$$

任意の n に対して

$$l=0, 1, 2, \cdots\cdots, (n-1) \text{ の } n \text{ 個} \tag{5.6}$$

それぞれの l の値に対して

$$s=\frac{1}{2}, \quad -\frac{1}{2} \tag{5.7}$$

$$j\equiv l+s=l+\frac{1}{2}, \quad l-\frac{1}{2} \text{ の } (2n-1) \text{ 個} \tag{5.8}$$

ただし，$l=0$ の場合は $j=1/2$ のみとする。ここで示された j を**内部量子数**（internal quantum number）という。j の各値に対して

$$m=-j, \ -(j-1), \ \cdots\cdots -\frac{1}{2}, \ +\frac{1}{2}, \ (j-1), \ j \tag{5.9}$$

の $2j$ 個　すなわち $2(2l+1)$ 個

そのうえ，**パウリの排他律**（Pauli's exclusion principle）に従って，(n, l, j, m) の特定値に当たる状態は，ただ1個だけの原子がとることが許される。

表5.1　量子数 n に対する許容電子総数 s

n	s
1	2
2	8
3	18
4	32
5	50

表5.2　パウリの排他律の例（$n=3$ に対する l, j, m の値）

n	\multicolumn{5}{c}{3}	総数
l	0	\multicolumn{2}{c}{1}	\multicolumn{2}{c}{2}	
j	$\frac{1}{2}$	$\frac{1}{2}$	$\frac{3}{2}$	$\frac{3}{2}$	$\frac{5}{2}$	
m	$-\frac{1}{2}$	$-\frac{1}{2}$	$-\frac{3}{2}$	$-\frac{3}{2}$	$-\frac{5}{2}$	
	$+\frac{1}{2}$	$+\frac{1}{2}$	$-\frac{1}{2}$	$-\frac{1}{2}$	$-\frac{3}{2}$	
			$+\frac{1}{2}$	$+\frac{1}{2}$	$-\frac{1}{2}$	
			$+\frac{3}{2}$	$+\frac{3}{2}$	$+\frac{1}{2}$	
					$+\frac{3}{2}$	
					$+\frac{5}{2}$	
個数	2	2	4	4	6	18

そこで，n に対して許される電子状態の総数，言い換えれば電子の数は上記の m の数を $l=0-(n-1)$ の間に加えた数

$$s = \sum_{l=0}^{n-1} 2(2l+1) = 4\sum_{l=0}^{n-1} l + 2n = 2n^2 \tag{5.10}$$

で決まる．そこで n の種々の値に対し s は**表5.1**のようになる．一例として $n=3$ の場合について計算すると**表5.2**のようになる．

$n=3$，$l=0$ の状態を $3s$

$n=3$，$l=1$ の状態を $3p$

$n=3$，$l=2$ の状態を $3d$

表5.3 核外電子の配列

Z	量子数 元素	K	L		M			N
		$1s$	$2s$	$2p$	$3s$	$3p$	$3d$	$4s$
1	H	1						
2	He	2						
3	Li	2	1					
4	Be	2	2					
5	B	2	2	1				
6	C	2	2	2				
7	N	2	2	3				
8	O	2	2	4				
9	F	2	2	5				
10	Ne	2	2	6				
11	Na	2	2	6	1			
12	Mg	2	2	6	2			
13	Al	2	2	6	2	1		
14	Si	2	2	6	2	2		
15	P	2	2	6	2	3		
16	S	2	2	6	2	4		
17	Cl	2	2	6	2	5		
18	Ar	2	2	6	2	6		
19	K	2	2	6	2	6		1
20	Ca	2	2	6	2	6		2
21	Sc	2	2	6	2	6	1	2
22	Ti	2	2	6	2	6	2	2
23	V	2	2	6	2	6	3	2
24	Cr	2	2	6	2	6	5	1
25	Mn	2	2	6	2	6	5	2

$n=4$, $l=3$ の状態を $3f$

というように書く。また，$n=1, 2, 3, \cdots\cdots$ の状態を $K, L, M, N, \cdots\cdots$ という記号で表すことがある。**表 5.3** には，原子内の核外電子の配列を示す。

電子はポテンシャルエネルギーの低い状態から高い状態へと順次席が充たされていく。19番の K において，最外殻の電子が $3d$ を空けたまま $4s$ に入るのは，この方がポテンシャルエネルギーが低くなり得るからである。ポテンシャルエネルギーの概略の値は n の値で決まるのであるが，l の影響も幾分受ける。したがって l の大きいところでこのような不揃いが現れてくる。

5.4 原 子 模 型

5.4.1 トムソンと長岡の原子模型

3章で述べたように電子の比電荷を測定したトムソンは，原子の模型についてつぎのように考えていた。すなわち，電子が原子から放出されることと電子が負電荷を帯びていることを考えると，正電荷のあちこちに負電荷を帯びた電子が配置されていると考えた。この模型は**図 5.2** のように電子がスイカの種になぞられ**トムソンのスイカ模型**と呼ばれた。

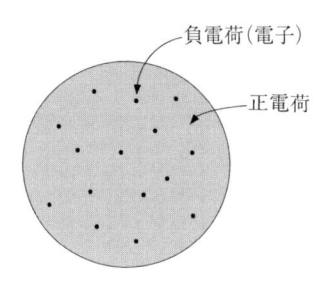

図 5.2　トムソンのスイカ模型　　図 5.3　長岡の模型

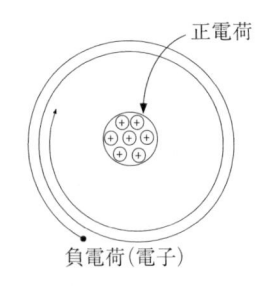

しかし，この模型からは，原子から光が放出されることが説明できなかった。これに対して，わが国の物理学の先駆者である長岡半太郎は，**図 5.3** に示すように中心に正の電荷が存在し，その周囲を電子が回っていると考えた。

ただし，長岡の模型では，原子から放射される光を説明するに当たり，電子

の軌道半径が短くなることによって，そのエネルギーが減少して，余ったエネルギーを光として放射すると考えた．

しかし，この模型によると，軌道半径は連続的に減少することになるから，そこから放射されるスペクトルは波長に対して**連続スペクトル**（continuous spectrum）でなければならず，実験で観察される**輝線スペクトル**（emission line spectrum）を説明することができない．電子の軌道半径が減少していった場合，最後に電子は，原子核に衝突してしまうことになり，矛盾を含んでいた．ラザフォードは，図 5.4 に示すように金属箔に高速の荷電粒子を衝突させると，金属箔を突き抜けた荷電粒子の中に，進行方向とはかなりはずれた方向に散乱される粒子がある現象を発見した．

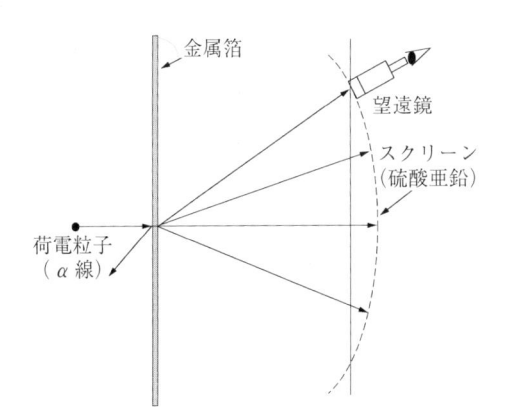

図 5.4 ラザフォードの散乱実験

この現象は図 5.5 に示すように，原子の中心に非常に強い電荷があると仮定してはじめて説明することができ，トムソンの模型よりも長岡の模型の方が正しいように思えた．しかし，長岡の模型では上述のように発光の輝線スペクト

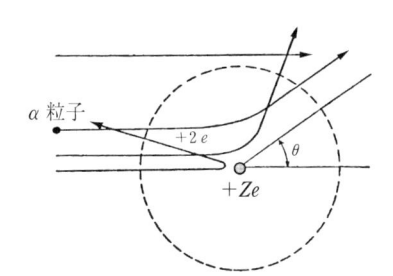

図 5.5 原子の中心に正電荷を仮定したときの α 粒子の散乱

ルの説明ができない。この問題はラザフォードの弟子のデンマークの学者，ボーアによって決着がついた。そこで，つぎにボーアの模型について学ぼう。

5.4.2 ボーア模型

原子内の状態について厳密に取り扱うためには，電子の波動方程式を解かなければならないが，常識的に理解するためには，多少無理があっても電子を粒子として扱うだけで十分である。これを許すのがボーアの提案した原子模型である。ここでは，構造が最も簡単な水素原子の場合について述べよう。

図 5.6 に示すように核は質量が大きいため，空間に固定していると考え，電子は核による吸引力を受けながら半径 r の円運動をしているものと考える。

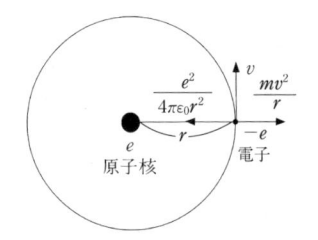

図 5.6 ボーアの原子模型

いま，水素原子の場合，$Z=1$ とおいて電子は核との間に求心力として

$$\frac{e^2}{4\pi\varepsilon_0 r^2} \tag{5.11}$$

の力が作用している。そのため電子は，この力を絶えず受けながら核の周りを円運動する。このときの遠心力は，電子の速度を v，角速度を ω とすれば，次式で与えられる。

$$\frac{mv^2}{r} = \frac{m(r\omega)^2}{r} \tag{5.12}$$

これらの求心力〔式 (5.11)〕と遠心力〔式 (5.12)〕とは平衡していなければならないため

$$\frac{e^2}{4\pi\varepsilon_0 r^2} = \frac{m(r\omega)^2}{r} \tag{5.13}$$

ここでもしも，電子の軌道半径 r が連続的に変わると仮定すれば，電子の持つエネルギーも連続的に変わるため，半径が減少したときに放射されるエネル

5.4 原子模型

ギー $h\nu$ は連続的な値となり，それに対応する波長 λ は連続的でなければならない。しかし，事実は λ は離散的な値となり，古典力学は行き詰まった。

ボーアは，原子の模型を説明するに当たって二つの条件を提案した。第1の条件は，電子の運動量 $mr\omega$ と軌道円周 $2\pi r$ の積が4章で述べたプランク定数 h の整数倍（n 倍）でなければならない。すなわち

$$mr\omega \times 2\pi r = nh \tag{5.14}$$

（運動量）×（距離）は（エネルギー）×（時間）の次元を持っており，この量を**作用**（action）という。上式によれば，h はこの作用の最小量に当たるため，h を**作用量子**（quantum of action）ともいう。第二の条件は光の放射エネルギーに関するものである。光の放射と吸収は，電子が定常状態の円運動をしているときは起こらず，定常状態からほかの定常状態に遷移するときに起こると仮定した。いま，二つの軌道 A，B にあるときの電子のエネルギーを W_A，W_B とし，$W_A > W_B$ とすれば，W_A の A 軌道から W_B の B 軌道に電子が遷移するときに放射するエネルギーは，光の振動数を ν とすれば，以下の式で与えられる。

$$W_A - W_B = h\nu \tag{5.15}$$

すなわち

$$\nu = \frac{W_A - W_B}{h} \tag{5.16}$$

逆に W_B のエネルギーに ν の光を当てれば，これが吸収されて W_A の軌道に移る。式（5.13）と式（5.14）から，電子の運動の軌道半径 r，回転速度 v，運動エネルギー W_k を求めることができる。計算の結果，次式を得る。

$$r = \frac{\varepsilon_0 h^2 n^2}{\pi m_e e^2} \tag{5.17}$$

$$v = \frac{e^2}{2\varepsilon_0 nh} \tag{5.18}$$

$$W_k = \frac{1}{2} m_e v^2 = \frac{e^2}{8\pi \varepsilon_0 r} \tag{5.19}$$

式（5.17）によれば，軌道半径 r は $n=1$ のときに最小であり，n の値が大き

くなるに従って増加する．式 (5.19) は運動エネルギーを表すだけであるが，このほかに電子は，無限遠点を零と仮定したときのポテンシャルエネルギー W_p があり，その値は電子が負電荷であることを考慮すれば，以下のような負の値となる．

$$W_p = -\frac{e^2}{4\pi\varepsilon_0 r} \tag{5.20}$$

そこで，全体のエネルギー W は

$$W = W_p + W_k = -\frac{e^2}{8\pi\varepsilon_0 r} = -\frac{m_e e^4}{8\varepsilon_0^2 h^2 n^2} \tag{5.21}$$

H原子では $Z=1$，電子エネルギーの最も低い状態（$n=1$）を**基底状態**（ground state）といい，最も安定な状態である．これに対して $n \geq 2$ の状態は外部からなんらかのエネルギーを与えられたときに起こり，これらの状態を**励起状態**（excited state）という．

いま，**図 5.7** に示すようにある励起状態（n）にある電子が，そのエネルギー状態より低い励起状態（n'）または基底状態に遷移するとき，余ったエネルギーを光として放射する．

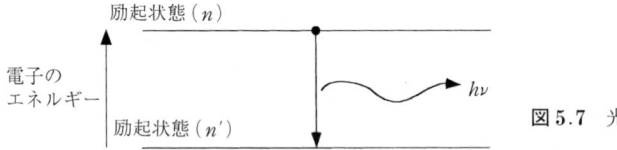

図 5.7 光の放射

このときの光の振動数 ν は式 (5.16) に式 (5.21) を代入して求められる．

$$h\nu = \frac{m_e e^4}{8\varepsilon_0^2 h^2}\left(\frac{1}{n'^2} - \frac{1}{n^2}\right) \tag{5.22}$$

そこで，光の波長を λ とすると，$\nu = c/\lambda$ より

$$\frac{1}{\lambda} = \frac{m_e e^4}{8\varepsilon_0^2 ch^3}\left(\frac{1}{n'^2} - \frac{1}{n^2}\right) \tag{5.23}$$

$1/\lambda$ は 1 cm 中の波数を表し，括弧前の係数

$$R_H \equiv \frac{m_e e^4}{8\varepsilon_0^2 ch^3} = 1.097 \times 10^7 \text{ m}^{-1} \tag{5.24}$$

を水素に対する**リュードベリ定数**（Rydberg constant）という。式（5.23）で計算されたλは，$n'=1$, $n'=2$, $n'=3$のいずれの場合も実験とよく一致する。そのうえ，その後に生まれた量子力学の結論とも矛盾しない。さらに，大変面白いことに，式（5.17）から求めた軌道円周$2\pi r$は式（5.23）の電子波の波長$\lambda(=h/mv)$のちょうどn倍に当たる。

5.5 最外殻電子

表5.3によると，原子番号が大きくなるに従って，電子は順次K殻（$n=1$），L殻（$n=2$），M殻（$n=3$），N殻（$n=4$），……の殻をつぎつぎに満たしていくため，一番外側の軌道である最外殻は一部の席が満たされており空席が存在する。最外殻にある電子（**最外殻電子**）は原子番号Zの増加とともに周期的に変わっていく。これらの電子が物質の化学的性質を支配する。原子核の近くにある電子は原子核の正電荷によって生じる強い電界によって束縛されており，また，外側をとりまいている電子によって保護されているため，外部からの影響は受けづらくきわめて安定している。

これに対して，最外殻にはなお空席があるために，外から余分の電子が入り込んで原子自身が負イオンになることができる。また，外部からエネルギーを与えて最外殻電子を外にたたき出すことも可能である。この場合，電子がたたき出されたあと原子は正のイオンとなる。この現象は**電離**（ionization）と呼ばれ，9章で再び学ぶことにする。

式（5.21）で示したように，定常軌道のエネルギーWはnの値によって変わる。最外殻電子は外部からエネルギーを得ると，さらに大きな軌道半径を持つnの大きい値をとり得る。いろいろなnの値に対してとり得るエネルギー状態のことを**エネルギー準位**（energy level）という。水素原子では$n=1$が基底状態，$n=2$以上が励起状態，$n=\infty$以上が電離状態に相当する。

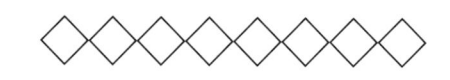

6 電子放出

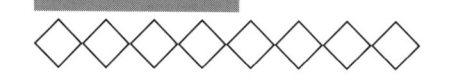

6.1 概　　　説

　大気中では，宇宙から飛来する宇宙線や放射線などの作用によって，若干の電子が存在するが，これらの電子をそのまま工業的に応用することは難しい。一方，金属中には各原子に束縛されずに，自由に動き回っている自由電子が多量に存在する。そこで，外部より金属に熱エネルギー，光エネルギーなどのエネルギーを与えれば，これらの自由電子を外部に取り出すことができる。

　ただし，金属の表面にはエネルギーの障壁があり，自由電子を外部に放出するためには，この障壁を乗り越える必要がある。この障壁は仕事関数と呼ばれ，物質固有の値である。金属に熱エネルギーを加えて電子放出を行う方法が熱電子放出であり，光エネルギーによって電子を放出させる方法が，光電子放出である。また，高速の電子を衝突させて，電子を放出させる方法は二次電子放出と呼ばれる。この章では，これらの電子放出現象について学ぶ。

6.2 仕事関数

　気体中においては，個々の原子や分子は独立して自由空間を自由に飛び回っており，この運動は**熱運動**（thermal motion）といわれる。このとき，原子内の電子は原子核に束縛されてその周囲を回っている。金属中においては，各原子は集団となっており，結晶を作っている。

　この場合，金属中の原子内で最外殻を回っている電子が，原子の束縛から離れて結晶格子間に飛び出して運動している。これらの**自由電子**（free electron) の運動は気体中の気体分子と同様な熱運動であるため，温度が高くなれば速度も大きくなり，熱運動エネルギーが大きくなる。電子がある程度以上のエネルギーに達すると金属の表面より放出される。その臨界値は金属の種類によって定まった値がある。

さて，金属の表面近くにある電子に対しては，図 6.1 に示すように，金属内の**影像電荷**（image charge）による力が作用する。

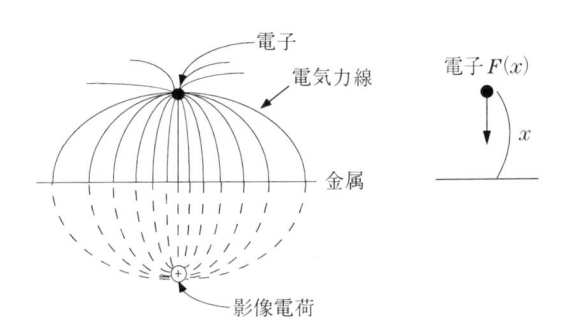

図 6.1 影像電荷による力

そのため，電子が金属の表面から飛び出すためには，これらの力 $F(x)$ に打ち勝って自由空間に達しなければならない。その結果，つぎのような仕事 E_G をする必要がある。

$$E_G = \int_0^\infty F(x)\,dx \tag{6.1}$$

ここで，$F(x)$ は，金属の表面から点 x において影像電荷によって電子に働く力である。E_G は通常 $e\phi$ と書き，ϕ を**仕事関数**（work function）と呼んでいる。これはちょうど電子にとって図 6.2 に示すような障壁があると考えれば

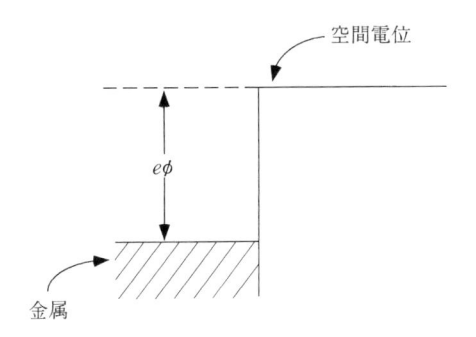

図 6.2 仕事関数

よい。電子のエネルギーが障壁より高ければ，障壁を乗り越えるため，そのエネルギーを与えると金属の外へ出ることができる。

6.3 熱電子放出

いま金属に外部から電流を流すと，電流が大きいほど高いジュール熱を発生し，温度が上がる。したがって，金属内の電子の熱運動のエネルギーは増加する。金属の温度が1000 K以上に達すると，その仕事関数に打ち勝つ電子が発生し，ついには金属表面の障壁を乗り越えて，真空中に飛び出す電子が出てくる。この現象を**熱電子放出**（thermionic emission）という。

6.3.1 純金属陰極

金属からどの程度の電子が飛び出すかについて，リチャードソン（O. W. Richardson）とダッシュマン（S. Dushman）は，金属からの熱電子放出による電流密度 J_s について理論的に次式を導いている。

$$J_s = AT^2 \exp\left(-\frac{e\phi}{kT}\right) \quad [\text{A/m}^2] \tag{6.2}$$

$$A = \frac{4\pi m_e e k^2}{h^3} = 1.2 \times 10^6 \text{ A/m}^2\text{K}^2 \tag{6.3}$$

ここで，T は金属の温度であり，m_e は電子の質量，e は電子の電荷，h はプランク定数，k は**ボルツマン定数**（Boltzmann constant），A は定数である。この式は通常，**リチャードソン-ダッシュマンの式**（Richardson-Dushman equation）といわれる。

このように理論的には式（6.2）で示される電流が流れるはずであるが，実際に測定してみると，この式で示す値より小さくなる。それは，金属内の電子が表面で一部反射して金属の内部に戻るためである。そこで，上式をさらに改善して次式が使用される。

$$J_s = DAT^2 \exp\left(-\frac{e\phi}{kT}\right) \quad [\text{A/m}^2] \tag{6.4}$$

ここで，D は金属内における電子の**透過係数**（transmition coefficient）である。したがって D は 0 と 1 の間の値をとる。この式よりわかるように，金属

の温度が高いほど，また仕事関数が小さいほど高い電子放出が得られる。そこで，金属から多量の電子を取り出そうとすれば温度を上昇させるか，仕事関数の小さい材料を使用すればよい。**表 6.1** に種々の金属の仕事関数を示す。

表 6.1 金属の仕事関数と融点

金属	ϕ〔eV〕	融点〔K〕
C	4.34	3 800
Co	4.41	1 490
Cs	1.38	302
Fe	4.21	1 540
Mo	4.20	2 630
Ni	4.01	1 725
Pt	5.32	2 047
Ta	4.10	3 123
W	4.52	3 655

同表には金属の融点も載せてある。例えば Cs という材料は仕事関数が非常に小さいが，融点が低く少々加熱しただけで融けてしまい，陰極材料としては不適当である。

これらの材料の中で，タングステン（W）は，仕事関数はかなり高いが，融点が格段に高いことがわかる。そこで，温度と融点の総合的判断から純金属の陰極材料としてはタングステンが使用されるようになった。特にタングステンは丈夫であり，使用温度は約 2 500 K で大型真空管に利用されている。

6.3.2 単原子層陰極

真空管や放電管の発達に伴って，より多量の電子放出をもつ陰極材料が求められるようになり，種々の金属を混合した陰極材料について調べられた。ラングミュアーは，タングステンにトリア（ThO_2）をいれた合金をつくり陰極材料として使用した。この材料は**トリウム（Th）入りタングステン陰極**（thoriated tungsten cathode）（Th-W 陰極）といわれる。適当に熱処理を与えると，**図 6.3** に示すように，タングステンの表面にトリウムが遊離して表面に**単原子層**（monotomic layer）をつくる。

ここで，トリウム原子は，原子内の電子をタングステンに与える結果，自らは正イオンとなってタングステンの表面に吸着する。このことは，さらに加熱

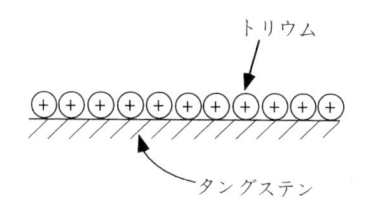

図6.3 単原子層陰極

するとトリウムイオンが蒸発して検出されることから検証される。

トリウムの吸着が図6.4に示すように不均一になると，トリウム層の端部の電界が不平等になり，金属内の電子を吸引する力が作用する。これらの吸引力は，仕事関数を減少させる。さらに，表面上で電子に作用する力についてグラフにすると図6.5に示すようになり，仕事関数を減少させる。これらの結果，トリウム単原子層がタングステンの全面をおおうのではなく，表面の一部分をおおう方が仕事関数を減少させる効果として作用する。実験的にはトリウムがおよそ70％おおうときが最適であると考えられている。

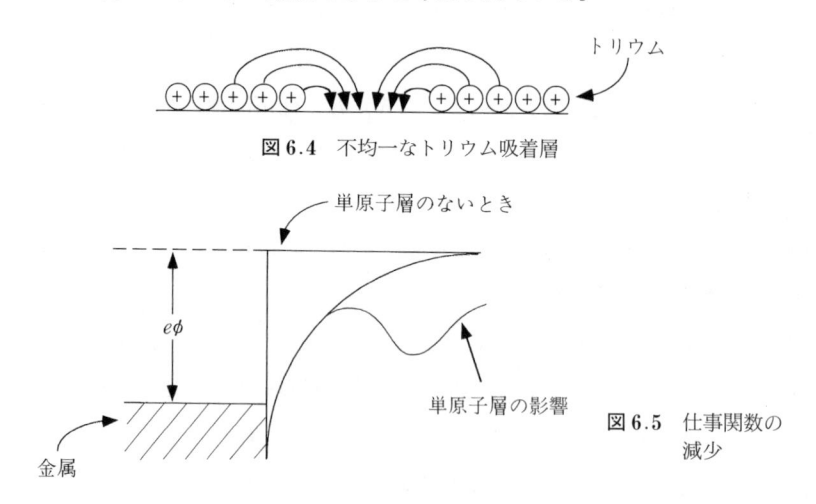

図6.4 不均一なトリウム吸着層

図6.5 仕事関数の減少

トリウム入りタングステン陰極の電子放出は，タングステンに比べると同じ動作温度では比べようもないほど大きい。図6.6に動作温度と電流密度の関係を示す。

そこで，タングステンよりも低い1800〜2100K程度の動作温度で動作することができ，陰極材料として応用された。さらに表面のトリウムが時間とと

6.3 熱電子放出　　65

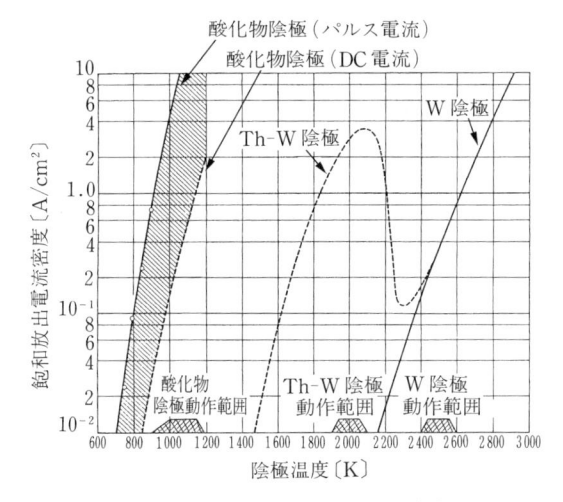

図6.6　各陰極の動作温度と電流密度[3]

もに蒸発すると内部の ThO_2 から析出して表面に出るので長寿命となる。

6.3.3 酸化物陰極

酸化物陰極（oxide cathode）は図6.7に示すように線状のニッケル（Ni）またはニッケル合金の表面に BaO，SrO などの酸化物を塗布した陰極材料で，この陰極材料はトリウム入りタングステン陰極よりかなり仕事関数が低いので，低い温度で十分な熱電子放出が得られるようになった。現在，電子管の陰極材料として広く使用されているものである。

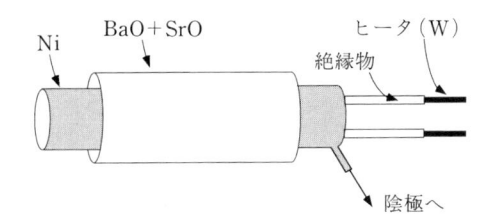

図6.7　酸化物陰極

酸化物陰極内においては，図6.8に示すように熱のために Ba が BaO より遊離し，バリウムイオン Ba^{++} となって酸化物中の不純物イオンとして作用している。Ba^{++} は酸化物の負電荷である電子と結合している。このエネルギー準位の電子は，加熱されてエネルギーを得れば簡単に伝導帯に上がることがで

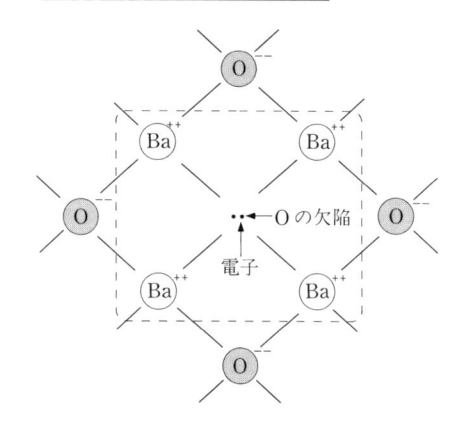

図 6.8　BaO の結晶構造

きるので n 形半導体であるといえる。そこで酸化物陰極が加熱されると，伝導帯に上がった電子が多量に放出されるのである。その結果，酸化物陰極の仕事関数は 1 eV 程度と小さく，陰極の動作温度は 1 000 K 付近であり，**熱電子放出効率**（thermionic emission efficiency）は 0.1～0.25 A/W となって電流密度が非常に大きい。

6.3.4　サプライ陰極

図 **6.9** に**サプライ陰極**（supply cathode）の一つである **L 陰極**（L cathode）の構造を示す。

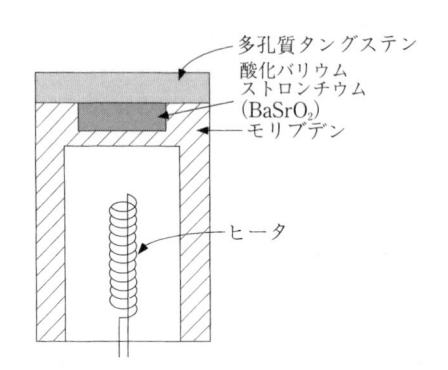

図 6.9　サプライ陰極[3]

陰極の表面は多孔質のタングステンでおおわれており，タングステンの下部に酸化バリウムストロンチウム（$BaSrO_2$）が貯蔵されている。ヒータによって陰極を加熱すると，$BaSrO_2$ より Ba が分離し，多孔質のタングステンの内

部に拡散して，単原子層を形成する。その結果仕事関数は減少し，1.6〜2.0 V 程度となる。動作温度は 1 300〜1 500 K，電流密度は 2 〜 10 A/m² に達し，また，陰極の表面はタングステンであるために機械的に強く，陽イオンの衝撃によるスパッタリングも低い。

6.3.5 ショットキー効果

金属陰極から放出される熱電子電流は式 (6.2) で示されるが，陰極の表面に電界が印加されると，電子には電界によって引き出される力が作用するため見かけ上の仕事関数が減少する。この作用は**ショットキー効果**（Schottkey effect）と呼ばれている。そこで，金属表面の電位分布を書くと**図 6.10** に示すように，外部電界がないときの電位は外部に向かって減少するが，図のような電界 E が作用すると，$E=0$ のときに比べて，仕事関数が ϕ より $\varDelta\phi$ だけ減少する。ここで W_0 はフェルミレベル（Fermi level）である。

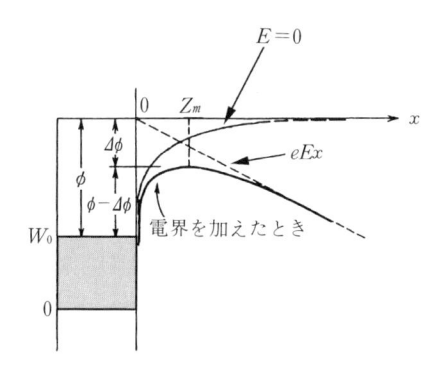

図 6.10 電界による仕事関数の減少

この $\varDelta\phi$ が求められ次式となる。

$$\varDelta\phi = -\sqrt{\frac{eE}{4\pi\varepsilon_0}} \tag{6.5}$$

見かけ上，仕事関数がこれだけ減少したことになる。その結果式 (6.2) は

$$J_s = AT^2 \exp\left(-\frac{e(\phi-\varDelta\phi)}{kT}\right) \ [\text{A/m}^2] \tag{6.6}$$

となって，電流密度は増加する。

6.4 光電子放出

6.4.1 光電子放出現象

　金属の表面に光を投射すると，その光の波長と金属の仕事関数が適値なら金属から電子が放出する現象があり，この現象を**光電子放出**（photoelectric emission）という。また，この現象を陰極に利用して電流を流す真空管のことを**光電管**（photoelectric tube）という。いま，光電管の構造と電流を取り出す回路を図 6.11 に示す。

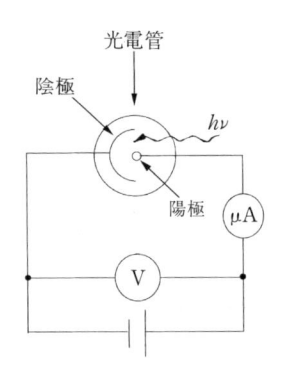

図 6.11 光電管とその回路

　図において，ガラス球の中は陰極と陽極によって構成される。陰極は光を受光する**光電面**（photoelectric surface）で，陽極は陰極から放出された電子を集める電極である。光電面は，光を受光する面積を大きくするため，ガラス球の内面は光電材料が蒸着されている。いま，陽極に正の電圧を印加して外部から光を投射すると，陰極から電子が飛び出して，陽極に回収される。

　図 6.12 に，この回路の電圧-電流特性を示す。電圧を増加していくと，それに比例して電流を増加し，やがて飽和値に到達する。つぎに光量を増加させれば，光量に比例して，電流も増加する。

　いま，光電管の電流 I と光量 Φ との関係はつぎのようになる。

$$I = S\Phi \tag{6.7}$$

このように，光電管では，電流は光量に正比例するのが特徴である。ここで

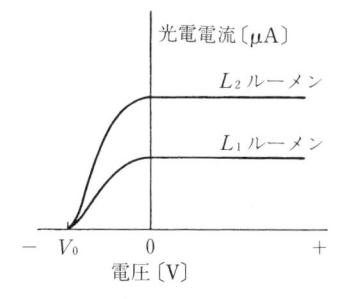

図 6.12 光電管の電圧-電流特性

S は光の感度を示す係数であり，投射する光の波長に依存する。アルカリ金属光電面の感度特性を図 6.13 に示す。

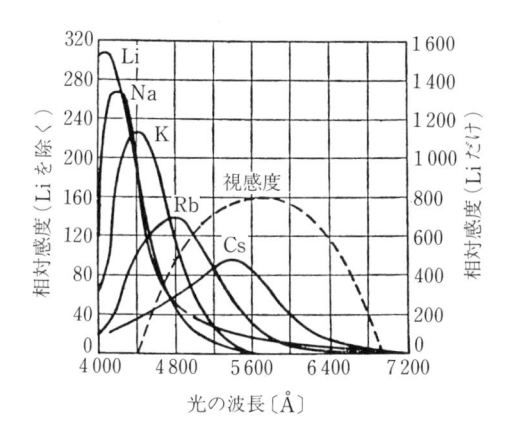

図 6.13 アルカリ金属光電面の感度特性[4]

6.4.2 限界波長

図 6.14 に示すように，金属の表面に光を投射するとき，すべての光に対して電子が飛び出すかというとそうではない。

すでに学んだように振動数 ν の光のエネルギーは $h\nu$ である。金属内の電子が $h\nu$ のエネルギーを 100％吸収すればそのエネルギーは $h\nu$ に達するので，この値が金属表面の仕事関数に相当するエネルギー $e\phi$ を越えれば，電子が飛び出すことができる。すなわち，電子を放出させるためには

$$h\nu \geqq e\phi \tag{6.8}$$

なる条件が必要となる。そこで，ν は光の波長 λ，光の速度 c との間に

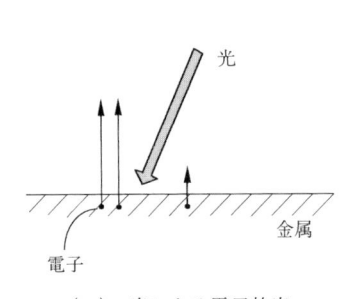

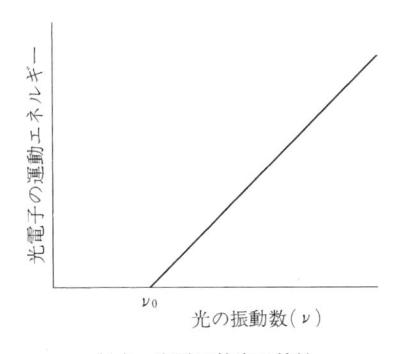

（a）光による電子放出　　　　（b）光電子放出の特性

図 6.14　光電子放出効果

$$\nu = \frac{c}{\lambda} \tag{6.9}$$

なる関係があるので，式 (6.9) を式 (6.8) に代入すれば

$$h\frac{c}{\lambda} \geq e\phi \tag{6.10}$$

$$\lambda \leq \frac{hc}{e\phi} \tag{6.11}$$

ここで，h，c，e の値を代入すれば

$$\lambda \leq \frac{12\,400}{\phi} \quad [\text{Å}] \tag{6.12}$$

ただし，ϕ の単位は eV である。λ はこの波長以下でないと光電子放出が生じないという意味で**限界波長**（threshold wavelength）という。ここで，例えばタングステンを例にとると，タングステンの $\phi = 4.52\,\text{eV}$ を代入すれば $\lambda \leq 2\,743\,\text{Å}$ となり，かなり短い波長の紫外線のときのみ電子の放出が可能となる。

6.4.3　量子効率

限界波長以下の光照射を受けて金属表面から飛び出る電子の速度の最大値を v_m とすれば，光のエネルギーの一部は表面の障壁の仕事関数を乗り越えるために使用されるため，次式の関係が成立する。

$$\frac{1}{2} m_e v_m^2 = h\nu - e\phi \tag{6.13}$$

この式を**アインシュタインの式**（Einstein equation）という。つぎに，金属に

6.4 光電子放出

投射される光量子の数と，金属の表面から放出される電子の数について比べてみよう．すでに述べたように，金属内の電子に対して，光のエネルギーは $h\nu$ 単位でやり取りされるから，$h\nu$ のエネルギーを持った光量子が n 個金属に投射されて，すべてのエネルギーが金属内電子の熱エネルギーに変換されて，しかも $h\nu \geqq e\phi$ なる条件を満足すれば，金属の表面からは n 個の電子が放出される．

しかし実際には，図 6.15 に示すように，光が金属内の自由電子に達するまでに格子との衝突によってエネルギーを失うし，またエネルギーを得た電子が金属中から金属の表面に達するまでに，同じようにそのエネルギーの一部を失っていく．

その結果，金属表面から放出される電子数 n' は一般に

$$n' \leqq n \tag{6.14}$$

となる．そこで，入射光量子の数と放出電子の数の比は，つぎのように**量子効率**（quantum efficiency）として定義される．

$$量子効率 = \frac{放出電子数(n')}{入射光子数(n)}$$

したがって $n' = n$ ならば量子効率は 100 ％である．放出電子の数は通常電流で測定されるので，入射光のエネルギー（電力）と放出電子流の比を下記のように**光電感度**（photoelectric sensitivity）で表す．

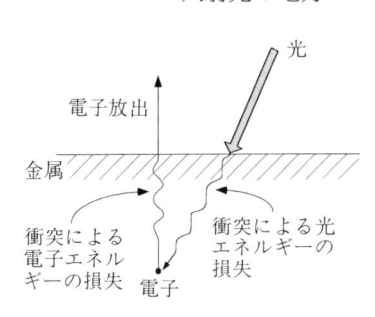

$$光電感度 = \frac{放出電子流}{入射光の電力}$$

図 6.15　光電子放出の過程

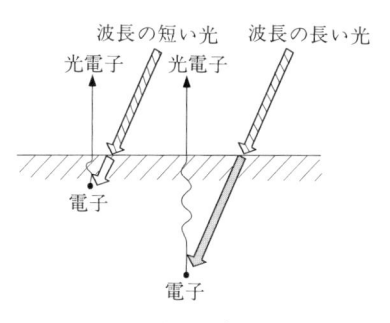

図 6.16　波長の違いによる光電子放出過程

量子効率 100 ％のときの光電子電流の理論値と実験値を比較してみると理論値は波長の長さに比例して増加するのに対して実験値の方は，波長が長くなると最大値を経て減少する。これは，図 6.16 に示すように波長が長いほど光が金属の内部まで浸透するため，その途中で格子に衝突してエネルギーの一部を失うとともにエネルギーを受けた電子は金属の表面に出てくるまでに同じ過程でエネルギーを失うためであり，波長が短いほど，金属の表面近くの電子が衝突され放出するためである。

6.4.4 光　電　面

図 6.13 にそれぞれのアルカリ金属の相対感度は波長に対して最大値をもつ特性を示した。また，光電子放出効果においても外部から強い電界があるときは仕事関数 ϕ が減少するショットキー効果が成立する。光電面からの電子の放出は，光電面の温度の影響を受ける。液体窒素で冷却すると，光電流は数 ％ 減少する。

熱陰極における単原子層陰極と同じように，光電面に正極性のアルカリ金属の薄膜をつくると光電感度が増加する。これは単原子層陰極における場合と同じように，仕事関数の減少によって説明される。また，熱電子放出の項で取り扱ったように，酸化物陰極に相当して**複合光電面**（multiple　photoelectric surface）も使用される。複合光電面の光電感度は単なる金属の場合の数千倍に増加するので，実用上は複合光電面が使用される。複合光電面は図 6.17 に示すように

- 基板に Ag，Cu などの金属
- 中間層にアルカリ金属の酸化物
- 表面にアルカリ原子

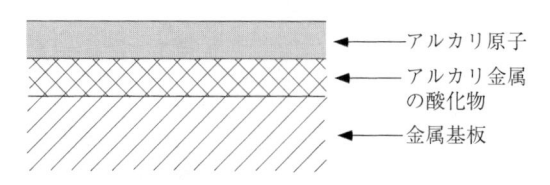

図 6.17　複合光電面の構造

の構造をしており，例えばセシウム光電面ならば Ag-Cs$_2$O-Cs などで表す。

複合光電面の動作原理は，酸化物陰極と同様に表面に付着している原子状態の Cs が分極状態にあり，これが仕事関数を減少させる。そして Cs$_2$O そのものは絶縁物であるが，その中に不純物として混在する Cs，Ag などが電子を出して半導体となり，また入射する光を散乱しその光の利用も増すと考えられる。岩塩，雲母，硫黄などの絶縁物の表面に電子線を当てて一度負電荷を荷電した後，光を投射すると，負電荷が消失する。

また，あらかじめ荷電しないで光を当てると表面が正に荷電し回路に電流が流れる。このような実験より推定して絶縁物にも光電子放出の性質が存在すると考えられる。限界波長 λc および仕事関数 ϕ の測定例を**表 6.2** に示す。

表 6.2 限界波長と仕事関数

絶縁物	限界波長 λc 〔Å〕	仕事関数 ϕ〔eV〕
岩塩	$3\,020 < \lambda c < 3\,130$	4.2
雲母	$2\,540 < \lambda c < 2\,650$	4.8
硫黄	$2\,200 < \lambda c < 2\,540$	6.0

6.5 二次電子放出

6.5.1 二次電子放出率

図 6.18 に示すように，電子銃により電子ビームをつくり陽極で加速して，金属の表面（ターゲット）に電子ビームを衝突させると，金属の表面から二次

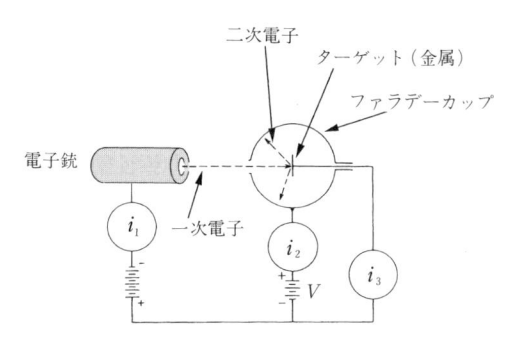

図 6.18 二次電子放出の実験

電子が放出される。放出された電子はファラデーカップに回収し計測される。このように，金属の表面から二次電子が放出される現象を**二次電子放出**（secondary electron emission）と呼んでいる。

そこで，各電極に流れる電流を i_1, i_2, i_3 とすれば，金属面で反射された一次電子 i_1 と，一次電子のエネルギーが変換されて放出された二次電子は i_2 となって流れる。また，i_3 は一次電子が金属に入る分と二次電子として放出された分の差で与えられる。このとき，近似的に

$$\delta = \frac{二次電子}{一次電子} = \frac{i_2}{i_1} \tag{6.15}$$

を**二次電子放出比**（secondary electron emission ratio）といっている。

6.5.2 二次電子のエネルギー分布

i_2 の中には，二次電子放出分と一次電子の反射分があるので，それらの分離をする必要がある。i_2 を形成する電子のエネルギー分布を測定すると図 6.19 に示すようになる。

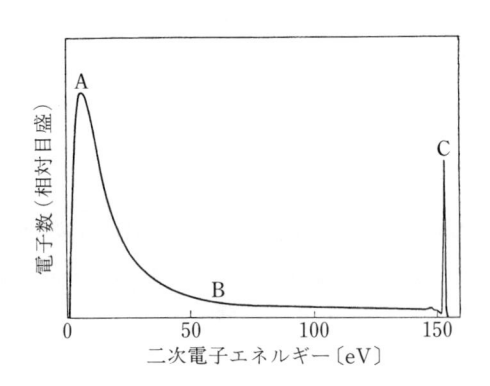

図 6.19 二次電子エネルギー分布

この曲線は三つの領域より構成される。A の領域は，15 eV 以下であり，真の二次電子に相当する。B の領域は金属内部の電子と**非弾性衝突**（inelastic collision）によりエネルギーの一部を失った一次電子，C の領域は**弾性衝突**（elastic collision）によって跳ね返った一次電子である。

そこで，一次電子の加速電圧 V_a について調べると

  $V_a < 20\ V$：二次電子は現れない，C が著しく現れる

$V_a \sim 10^3$ V：Cの山は i_1 の 1～2％にあたる

$V_a \sim 10^4$ V：Cの山は i_1 の 80～90％にあたる

V_a に対して二次電子放出比 δ が，どのようになるかを調べてみると図 6.20 に示すような結果を得る。

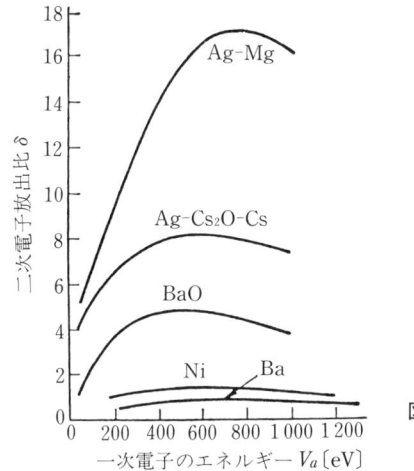

図 6.20 各材料の二次電子放出比 δ[4]

V_a が非常に大きくなると，δ はかえって減少する。この現象は，V_a が非常に大きいと，一次電子は金属の内部に深くまで入ってしまい，衝突された二次電子が金属の表面まで出てくるためにエネルギーを使うためである。

6.5.3 光電子増倍管

微弱な光を増幅して測定する光電管の一つに**光電子増倍管**（photomultiplier）がある。光電子増倍管の構造を図 6.21 に示す。真空管の中に光電面の陰極と，**ダイノード**（dynode）と呼ばれる**二次電子放出電極**（secondary electron emitting electrode）と陽極とによって構成される。ダイノードは二次電子放出比 δ が 1 より大きい材料を用い約 10 段に配置されている。

外部から入射する微弱な光は光電陰極面に衝突すると，そこで電子を放出する。放出された電子はダイノードによって加速し，つぎのダイノードに衝突する。ダイノード 1 段あたり約 100 V の電圧が印加されている。ダイノードに

76 6. 電子放出

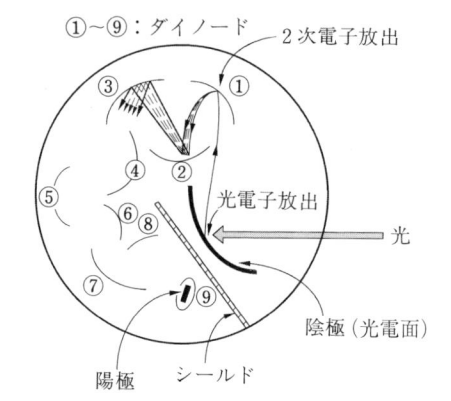

図 6.21 光電子増倍管の構造

衝突した電子は，その入射電子より多い二次電子を放出する。これらの二次電子は次段のダイノードで加速されて衝突しさらに多くの電子を放出する。
このようにつぎつぎに電子の数を増倍させていき，最終段では非常に多くの電子を放出して陽極に集められる。光電子増倍管の光電面も分光特性がある。また，光電子増倍管の構造は入射する光が電子管の上部の天井から入射する構造と横の窓から入射する構造のものに分類することができる。前者を**ヘッドオン方式**，後者を**サイドオン方式**と呼ぶ。

つぎに，光の波長が長いところで感度の強い光電子増倍管では，陰極からの熱雑音の大きさもかなりあり，ときには信号が熱雑音に埋もれてしまう場合がある。このような場合には冷却箱を使用して，陰極面の温度を下げて使用する。冷却箱としては，ペルチェ効果を利用した冷却箱があり，およそ-30°C程度まで冷却することができる。

6.6 電界放出

金属の表面に非常に強い電界を作用させると，電子が金属表面から放出する現象があり，**電界放出**（field emission）と呼ばれる。

この現象は，電界を印加することによって金属表面のポテンシャル曲線が変形し，トンネル効果が発生するためである。すなわち**図 6.22**において，電界を強くしていくと，仕事関数の値が減少すると同時に障壁の厚さが減少して，

図 6.22 トンネル効果

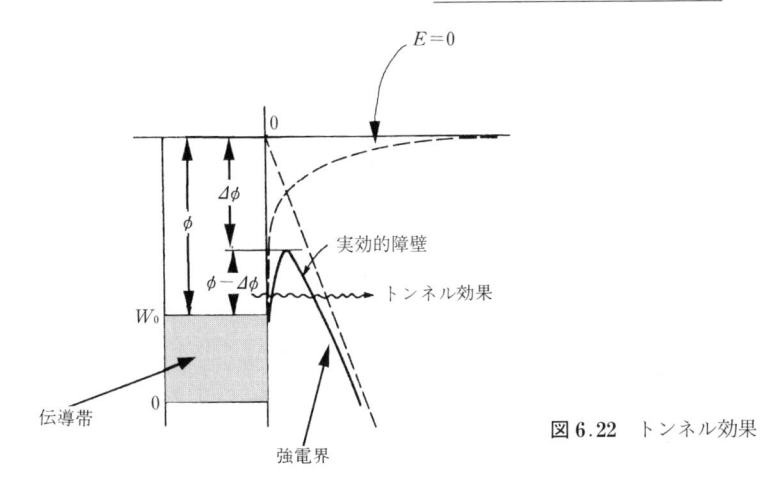

金属表面から電子が陰極を貫いて放出する過程があり，これを**トンネル効果**（tunnel effect）と呼んでいる。

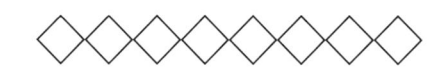

7 真空中の電子の運動

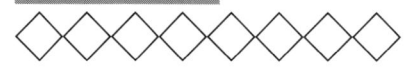

7.1 概説

　金属の表面から真空中に放出された電子は，そのままでは自らが負電荷であるため，たがいに反発して拡散してしまう。そこで，これらの電子を有効に利用するためには，電界や磁界によって電子の加速や減速を行い，また収束や偏向をする。電界は電子に力を及ぼす作用があるので，電界によって電子の速度を増加させたり，減少させたりする。

　一方，磁界は電子の軌道を曲げる作用があり直線運動を円運動に変えることができる。また，電界と磁界を組み合わせて，より複雑な軌道の運動が可能である。この章ではまず，真空を実現するための真空技術について学び，電界中や磁界中での電子の運動について学ぶ。

7.2 真空技術

　地球上の大気の圧力は平均で1 atm（760 Torr）である。この場合，1モル（22.4 l）中には 6.022×10^{23} 個の分子が存在する。このような状態では，電子の働きを使って電子デバイスに利用するのは，はなはだ不都合である。

　一方，地表から上空に昇るに従って空気の密度は小さくなっていき，宇宙空間ではほぼ真空に近い。このような自然界に存在する真空を地上で実現するためには**真空ポンプ**（vacuum pump）の力を借りることになる。

　また，真空ポンプで真空にした状態が真に真空であるかどうかを判別するためには，圧力の測定が必要となる。真空は電子工業のみならず，光学，理化

学機械などの工業へと多方面に使用されている。そこで，それらについても簡単に触れることにしよう。

7.2.1 真空ポンプ

大気圧より真空を実現するためには，真空ポンプを使用する。真空ポンプには機械的な**ロータリーポンプ**（rotary pump）や**ターボ分子ポンプ**（turbo molecular pump）と，非機械的な**油拡散ポンプ**（oil diffusion pump）などがある。図7.1にロータリーポンプの概略図を示す。

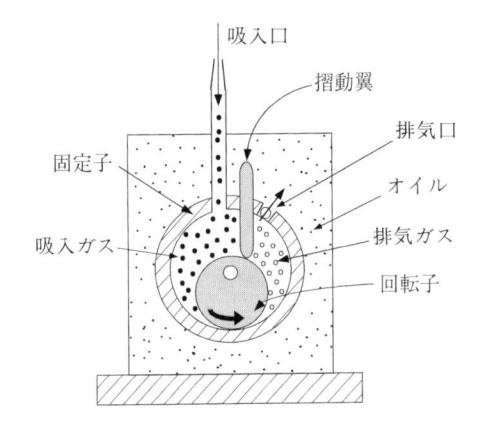

図7.1 ロータリーポンプ

ロータリーポンプは回転翼形，カム形および揺動ピストン形に分類される。ここでは，回転翼形について説明しよう。回転翼形は，図のように固定子の内側に回転子が取り付けられている。回転子は，固定子の円筒表面を，摺動翼に接触しながら回転していく。

この場合，吸入口から吸入された気体は，これらの回転子と摺動翼との間に閉じこめられて回転していき，排気口を通って外に排気される。回転子は1分間に数百回転をするため，気体はつぎつぎに吸入され，排気される。回転子は気体を閉じこめながら高速に回転するため，固定子との接触部分とで摩擦熱が発生するので，気密性が強く耐熱性の強い材料が要求される。

ロータリーポンプは機械的気密性のために真空度はおよそ $10^{-2} \sim 10^{-3}$ Torr （$1 \sim 10^{-1}$ Pa）程度が限界であり，それ以上の高真空を得るためには油拡散ポ

ンプを使用する。ここで Pa（パスカル）は圧力の単位で 1 Torr＝133 Pa に相当する。以前は真空の単位は Torr が中心であったが，最近ではほとんど Pa 単位が使用されるようになった。ただし，Torr 単位も併用されており，特に過去の文献では Torr 単位がよく見られるため，この本ではときに応じて二つの単位を併用する。

　油拡散ポンプの構造を図 7.2 に示す。円筒形の筒の中に，多重の円筒が配置されており，底面には油が溜まっている。その油を加熱するためのヒータと，蒸気になった油を冷却するための水冷パイプが取り付けられている。ヒータによって油を加熱すると油が盛んに蒸発する。蒸発した油は天井に衝突し，天井の脇にあいているノズルから超高速のジェット噴流となって外に噴射する。

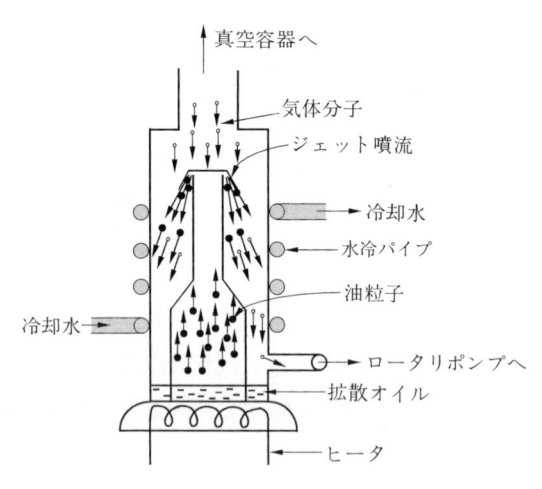

図 7.2　油拡散ポンプ

　油の質量は，気体分子の質量に比べて格段に大きく，また油分子は高速であるため，気体分子に衝突してそれらを下方にはじき出す。したがって気体分子の下方への流れが生じる。拡散ポンプの下部は，荒引き用のロータリーポンプに接続されており，気体分子はそこを通って外部に排出される。一方，油蒸気は壁に衝突して冷却され，油分子となって底面に戻る。上方部での真空度は 10^{-7} Torr（10^{-5} Pa）程度にまで達する。

この形のポンプは真空度がロータリーポンプに比べて格段に上昇するが，油の蒸気を使うため，油蒸気の一部が上方に逆に拡散する。そこで，上方には液体窒素トラップを取り付けて，この逆拡散を防止し，さらに真空度を上げる構造になっている。しかし，若干の油蒸気の逆流は防ぐことができないため，油との反応を極力避けたい気体の排気には不向きである。

7.2.2 真空度の測定

真空度の測定にはいろいろの方法がある。ガス圧が比較的高く，真空度の低い場合の測定には，**ガイスラー管**（Geissler tube），**マノメータ**（manometer），**ピラニー真空計（ピラニーゲージ）**（Pirani gauge），**ダイヤフラム形圧力計**（diaphragm pressure gauge）などが使用される。ガイスラー管は，気体の圧力の差によって真空放電をしたときに発光する色の相違を利用したものである。ここではU字形マノメータの原理について説明しよう。

図7.3にU字形マノメータの原理図を示す。U字形のガラス管の上部のつなぎ目には真空コックが配管されている。ガラス管の下方には油または水銀が封入されている。いまコックを開いて，U字形の両側を真空にすると，U字形の表面の高さは同じ高さとなる。そこで，コックを閉じて，測定用気体を導入すると，測定部で液面が下がり，真空部で液面が上がる。

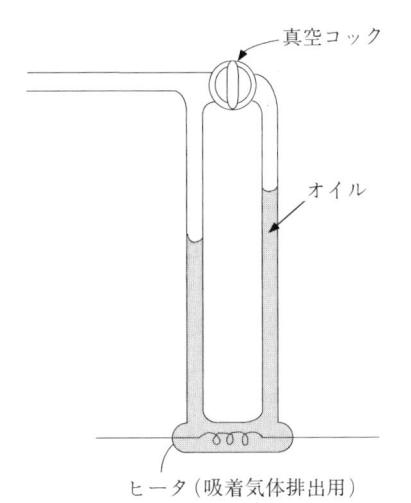

図7.3 U字形マノメータ

7. 真空中の電子の運動

　液面の高さの差は圧力の絶対値にそのまま比例しているため，水銀マノメータで高さの差が 10 mm であれば 10 mmHg（10 Torr）の圧力であることがわかる。油であれば，例えば油の比重が 1.0 の油を使用した場合，13 mm の差で 1 mmHg（1 Torr）であることがわかる。

　つぎにピラニーゲージについて調べよう。ピラニーゲージの構造は図 7.4 に示すように，ガラス球の内部にフィラメントが張られている。測定用の気体が入った状態でフィラメントに電流を流す。圧力が高いときには多くの分子がフィラメントに衝突して熱を奪うためにフィラメントの温度が下がり，抵抗値は減少する。圧力が低くなって真空度が上がると，フィラメントに衝突する気体分子が減少し，フィラメントの温度が上がるために，抵抗値は上昇する。

　そこで，図 7.5 に示すようにブリッジ回路の一辺に測定球をおいて，抵抗値の変化を検流計の電流値に置き換えて測定すれば，気体の圧力と電流の振れが

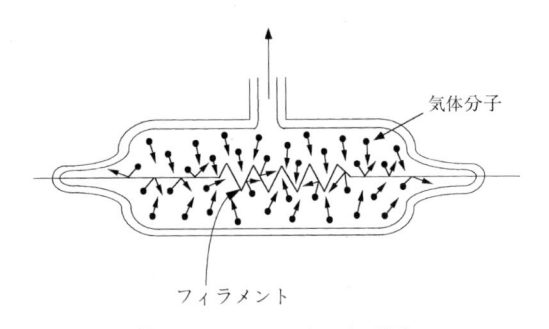

図 7.4　ピラニーゲージの構造

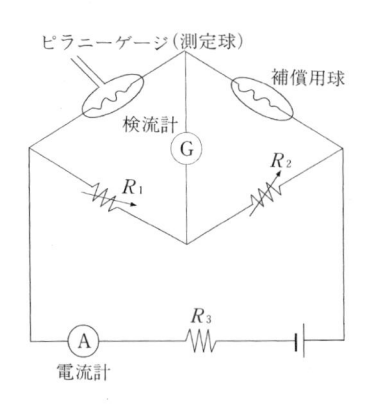

図 7.5　ブリッジ回路

関連づけられるために真空度を測定することができる。

ただし，ピラニーゲージにおいては，気体の種類によって同じ圧力でもフィラメントの放熱作用が異なるためメータ値の補正が必要となってくる。

つぎに高真空の測定に用いられる**電離真空計**（ionization gage）について説明しよう。図7.6に電離真空計の構造図を示す。測定球の中心部にフィラメントが張られており，それをとりまくグリッド（陽極）がらせん状に巻かれている。さらに，一番外側には円筒形のイオンコレクタが配置されている。フィラメントに電流を流すと，フィラメントから熱電子が放出される。グリッドにはおよそ150 V 程度の正の電圧が印加されているため，電子はグリッドの電圧で加速される。空間に気体があると，電子は気体原子と衝突し，その一部を

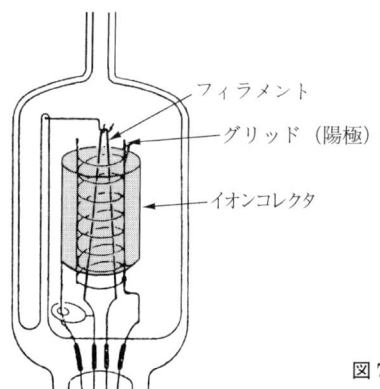

図7.6 電離真空計の測定球

電離しつぎつぎと電子とイオンが発生する。発生したこれらの荷電粒子はグリッドの間を通り抜けていくが，外側のコレクタの電圧を -15 V 程度の負電位にしておくと，電子は反発されて空間に戻り，グリッドに集まり電子電流となる。一方イオンはコレクタに集められ，イオン電流が流れる。

この場合，気体の圧力が高ければ分子が多量に存在し，多くのイオンが発生する。そのためグリッドに流れる電子電流に対するイオン電流の比は気体の圧力に比例すると同時に真空度に反比例する。そこで，真空度を電流値で読みとることができる。真空度が高くても衝突による電離が発生すれば測定すること

ができ，10^{-7} Torr（10^{-5} Pa）程度の真空度まで測定することができる．

7.2.3 真空技術の応用

真空技術はあらゆる産業用に応用されている．ここではそれらの一部を紹介し，詳しくは以下の章で述べることにする．電子工業は真空技術を最も応用する分野であろう．われわれが毎日のようにみているテレビ受像管（CRT）をはじめ，電子部品などの蒸着は真空中で行われるし，IC・LSI などの高密度の半導体素子の製造にも真空技術は欠かせない．また，光学工業において，カメラや眼鏡のレンズなどの表面に反射を防止するために誘電膜をコーティングするが，これらは真空中でスパッタリング技術を応用する．

金属工業においては，金属の蒸留や溶接などに高い純度が要求される場合には真空中において不純物が入らないようにしている．また，電子顕微鏡，質量分析計，高速加速器，核融合炉などはいずれも真空技術がつきものである．また，化学工業においても，油脂や石油などの蒸留技術や医薬品の凍結乾燥などには真空技術が使われる．食品工業では，真空中での真空乾燥技術が応用される．そのほか，繊維工業，土木・建築工法，宇宙開発用のスペースチェンバなどにも広く応用されている．

7.3 電界中の電子の運動

図 7.7 に示すように，真空中に二つの電極をおいて，陰極を加熱して電子を放出させた場合を考えよう．

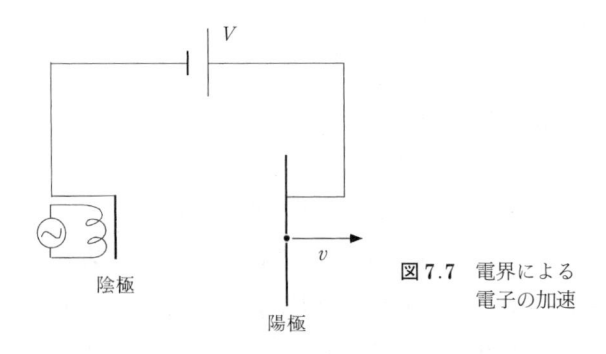

図 7.7 電界による電子の加速

7.3 電界中の電子の運動

いま，陽極には外部より V [V] の電圧を印加する．このとき陰極より放出された電子は，電界によって力を受けて加速される．陽極の一部に小さな穴をあけておけば，電子は高速に達して，その穴を通り抜ける．この場合，到達する速度を v [m/s] とすれば，電子が電界によって受ける運動エネルギーは，電圧のポテンシャルエネルギーによって与えられることから，電子の質量を m_e，電荷を e とすれば，次式が成立する．

$$\frac{1}{2} m_e v^2 = eV \tag{7.1}$$

これより

$$v = \sqrt{\frac{2eV}{m_e}} \tag{7.2}$$

$m_e = 9.11 \times 10^{-31}$ kg，$e = 1.602 \times 10^{-19}$ C の値を代入すれば

$$v = 5.93 \times 10^5 \sqrt{V} \quad [\text{m/s}] \tag{7.3}$$

つぎに，2次元の空間において，電子がどのような運動をするかについて調べてみよう．図7.8に2枚の平行平板電極間の空間に電子が水平方向より θ なる角度で入射した場合について，電子がどのような軌道を描くかについて考えよう．

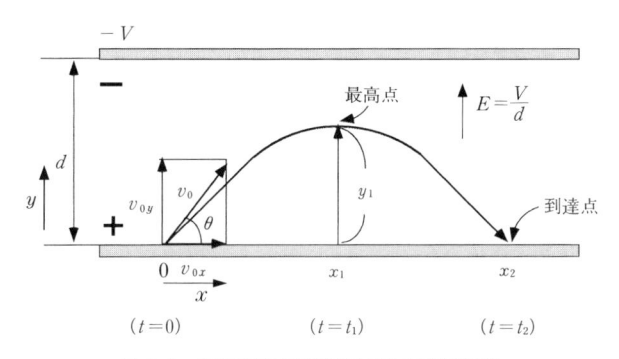

図 7.8 平行平板電極間の電子の放物運動

いま，電極間の電圧を V，電極間隔を d とすれば，x 方向には，電界の成分がなく，y 方向の電界は V/d で与えられる．したがって $t=0$ で $x=0$，$y=0$ から電子が出発するとすれば，運動方程式は重力を無視して，つぎのよ

うになる．

$$m_e \frac{d^2 x}{dt^2} = 0 \tag{7.4}$$

$$m_e \frac{d^2 y}{dt^2} = -\frac{eV}{d} \tag{7.5}$$

いま，θ 方向の電子の初速度を v_0，その x 方向，y 方向の成分 v_{0x}, v_{0y} は次式で与えられる．

$$v_{0x} = v_0 \cos \theta \tag{7.6}$$

$$v_{0y} = v_0 \sin \theta \tag{7.7}$$

そこで式 (7.4), (7.5) を時間 t で積分し式 (7.6), (7.7) の初期条件を使用すれば，x 方向，y 方向の速度 v_x, v_y が求められる．

$$\frac{dx}{dt} = v_x = v_0 \cos \theta \tag{7.8}$$

$$\frac{dy}{dt} = v_y = -\frac{eV}{m_e d} t + v_0 \sin \theta \tag{7.9}$$

さらにもう一度 t で積分すれば，x 方向，y 方向への電子の到達距離が求められる．

$$x = v_0 \cos \theta \, t \tag{7.10}$$

$$y = -\frac{1}{2} \frac{eV}{m_e d} t^2 + v_0 \sin \theta \, t \tag{7.11}$$

この動きを図示すれば，図 7.8 のような放物線の運動になる．このとき電子の y 方向への最大到達点は式 (7.9) において $v_y = 0$ より求められ，そのときの t を $t = t_1$ とすれば

$$t_1 = \frac{m_e d}{eV} v_0 \sin \theta \tag{7.12}$$

したがって，そのとき到達する高さ y_1 は，式 (7.12) の t_1 を式 (7.11) の t に代入すれば

$$y_1 = -\frac{1}{2} \frac{eV}{m_e d} \left(\frac{m_e d}{eV} v_0 \sin \theta \right)^2 + v_0^2 \frac{m_e d}{eV} \sin^2 \theta$$

$$= \frac{1}{2} m_e d \, v_0^2 \frac{\sin^2 \theta}{eV} \tag{7.13}$$

また，その後降下して水平方向に到達するときの t を $t=t_2$ とし，距離を x_2 とすれば，t_2 には式 (7.11) より $y=0$ とおいて求められる．その結果

$$t_2 = \frac{2m_e d\, v_0 \sin\theta}{eV} \tag{7.14}$$

式 (7.14) の t_2 の値を式 (7.10) に代入して x_2 を求めれば

$$x_2 = v_0 \cos\theta\, \frac{2m_e d\, v_0 \sin\theta}{eV} \tag{7.15}$$

いま，初速度 v_0 が電圧 V_0 で加速されて電極から投射されるものとして，式 (7.2) において $V=V_0$ とおけば

$$v_0 = \sqrt{\frac{2eV_0}{m_e}} \tag{7.16}$$

となり式 (7.16) を式 (7.15) に代入すれば

$$x_2 = 2\frac{V_0}{V}d \sin 2\theta \tag{7.17}$$

となる．一方，式 (7.10) (7.11) より t を消去して，軌道方程式を求めれば

$$\begin{aligned}y &= -\frac{eV}{2m_e d}\left(\frac{x}{v_0 \cos\theta}\right)^2 + v_0\left(\frac{x}{v_0 \cos\theta}\right)\sin\theta \\ &= -\frac{V}{4dV_0 \cos^2\theta}x^2 + x\tan\theta\end{aligned} \tag{7.18}$$

となる．この式は，放物線運動を表すことになる．

7.4 磁界中の電子の運動

図 7.9 に示すように，紙面に垂直な磁界（磁束密度 B）中に，速度 v なる電子が紙面と同一の平面内において運動してきた場合を考えよう．このとき，

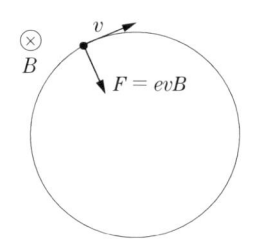

図 7.9 磁界によるローレンツ力

電子には速度の方向と磁界の方向に垂直につぎのような力 F が作用する。

$$F = evB \tag{7.19}$$

この力は3章で取り扱ったように，ローレンツ力と呼ばれ，正の電荷であれば反対方向に働く。この力は，フレミングの左手の法則の源になる力であって，磁界中を荷電粒子が運動する場合に必ず生じる力である。その結果，運動は円運動となり，そのときの曲率半径 r は

$$r = \frac{m_e v}{eB} \tag{7.20}$$

この半径は**ラーマー半径**（Larmor radius）と呼ばれている。また，このときの速度 v は，角速度 ω を用いて表せば

$$v = r\omega \tag{7.21}$$

より

$$\omega = \frac{v}{r} \tag{7.22}$$

式 (7.22) に式 (7.20) の r を代入すれば

$$\omega = \frac{eB}{m_e} \tag{7.23}$$

一方，周期 T は式 (7.20)，(7.21) を用いて

$$T = \frac{2\pi r}{v} = \frac{2\pi}{v} \cdot \frac{m_e v}{eB} = \frac{2\pi m_e}{eB} \tag{7.24}$$

また単位時間当たりの回転数 n は

$$n = \frac{1}{T} = \frac{eB}{2\pi m_e} \tag{7.25}$$

となる。

7.5　電界・磁界中の電子の運動

ここまでは，電界および磁界のいずれか一方のみが存在する場合の電子の運動について考察してきたが，電界と磁界が同時に存在する場合の電子の運動について考えよう。いま，**図7.10**に示すように，電界と磁界が平行している場

7.5 電界・磁界中の電子の運動

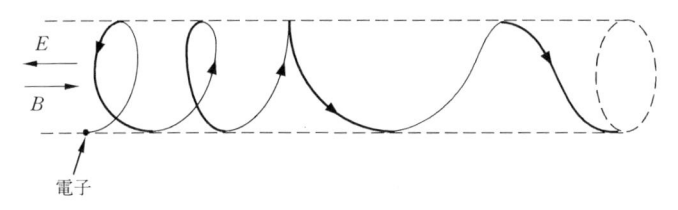

図 7.10 平行電磁界中の電子の運動

合の電子について考えよう。

電子は，磁界の影響を受けて磁力線をとりまくような円運動をするが同時に，電界によっては加速運動をする。そのため，最初のピッチは小さいが，徐々にピッチが大きくなり，ちょうどつる巻ばねが先端部でのびてしまうような軌道を描くことになる。

つぎに，電界と磁界が垂直にある場合の電子の運動について考えてみよう。図 7.11 に示すように，2 枚の平行平板電極があり，上板を陽極，下板を陰極としよう。いま，陽極と陰極の間の電界を E，紙面に垂直な方向に磁界（磁束密度 B）が印加されているものとする。

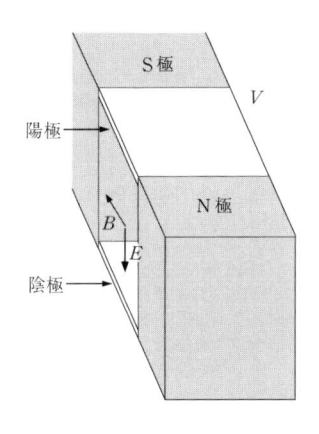

図 7.11 直交電磁界

この場合，陰極面から初速度零で運動し始めた電子が，どのような軌道になるかについて考えてみよう。結果的には，図 7.12 に示すような運動となって弧を描く。

そこで，軌道中の任意の点において，x，y 方向への運動方程式を考えてみ

7. 真空中の電子の運動

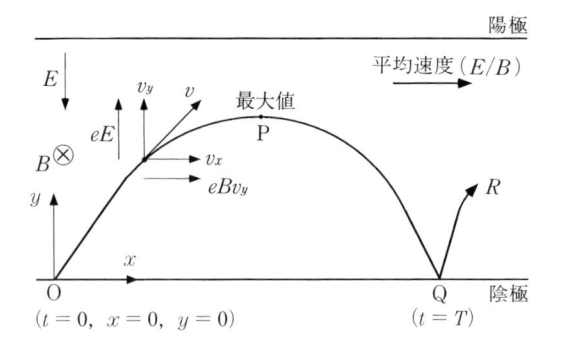

図7.12 直交電磁界中の電子の運動

ると，x 方向については電界の作用がなく，y 方向の速度（dy/dt）にローレンツ力が作用するため，次式になる．

$$m_e \frac{d^2x}{dt^2} = eB \frac{dy}{dt} \tag{7.26}$$

y 方向については y 方向の電界による力と x 方向の速度（dx/dt）がローレンツ力として働くため次式となる．

$$m_e \frac{d^2y}{dt^2} = -eE - eB \frac{dx}{dt} \tag{7.27}$$

ここで，初速度を零として解析すると，次式を得る．

$$x = \frac{m_e E}{eB^2}\left(\frac{eB}{m_e}t - \sin\frac{eB}{m_e}t\right) \tag{7.28}$$

$$y = \frac{m_e E}{eB^2}\left(1 - \cos\frac{eB}{m_e}t\right) \tag{7.29}$$

ここで

$$a = \frac{m_e E}{eB^2}, \quad \theta = \frac{eBt}{m_e} \tag{7.30}$$

と置けば

$$x = a(\theta - \sin\theta), \quad y = a(1 - \cos\theta) \tag{7.31}$$

となる．この式は**サイクロイド曲線**（cycloid curve）の式として知られており図中の点 O では

$$t = 0 : x = 0, \quad y = 0 \tag{7.32}$$

図中の点 P では y が最大値をとるため，式 (7.31) において，y の値は $\cos\theta = -1$ のときに最大値となる。その時刻 t は

$$\theta = \frac{eB}{m_e}t = \pi, \quad t = \frac{\pi}{B\left(\dfrac{e}{m_e}\right)} \tag{7.33}$$

点 P の位置を求めると式 (7.33) を式 (7.31) に代入して

$$x = \frac{\pi E}{B^2\left(\dfrac{e}{m_e}\right)}, \quad y = \frac{2E}{B^2\left(\dfrac{e}{m_e}\right)} \tag{7.34}$$

図中の点 Q では

$$\theta = \frac{eB}{m_e}t = 2\pi, \quad t = \frac{2\pi}{\left(\dfrac{eB}{m}\right)} = T \tag{7.35}$$

$$x = \frac{2\pi E}{B^2\left(\dfrac{e}{m}\right)} \equiv L, \quad y = 0 \tag{7.36}$$

したがって，電子は平均の速度 $L/T = E/B$ をもって E と B とに垂直な方向に移動していくことになる。つぎに，このようなサイクロイド運動となる軌跡が生じる物理的なイメージについて考えてみよう。

図 7.13 に示すように，電子は磁界だけでは円運動をする。

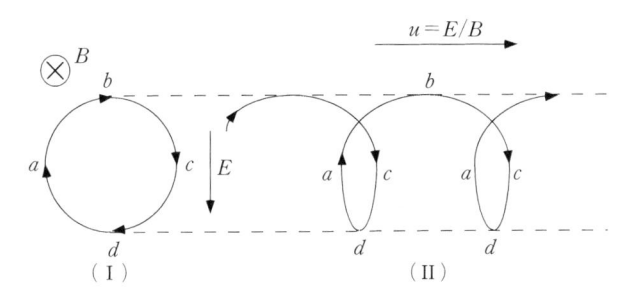

図 7.13 サイクロイド運動

この状態に電界 E が作用すると，(I) の a 側では加速作用，c 側では減速作用が発生する。すなわち，d から b に向かうに従って速度が増加し続けるため，曲率半径は大きくなっていく。

逆に，bからdに向かうに従って速度が減少し続けるために曲率半径は減少し続ける．すなわち，曲率半径はbで最大に達し，dで最小の値となる．そのため，(II)に示すようにEに対して，カニの横這いのような横滑り運動となる．横方向の速度をuとすれば，磁界を切るために生じる平均的な力Bueが電界による力eEと釣り合うためにつぎのようになる．

$$u = \frac{E}{B} \tag{7.37}$$

7.6　電 子 レ ン ズ

よく知られているように，光は空気中から水中に入るときに屈折する．同じように，空気中からガラスに入るときにも屈折する．この性質を利用して，いろいろなレンズがつくられ，利用されている．一方，電子の運動について考えてみると，電子も電界で加速されたり，磁界で曲げられたりするので，その力を利用すれば光同様に屈折させることができる．このようにして得られる装置を**電子レンズ**（electron lens）という．

7.6.1　静 電 レ ン ズ

図7.14に示すように，いま電子が電位V_1の領域Aから直進運動をして法

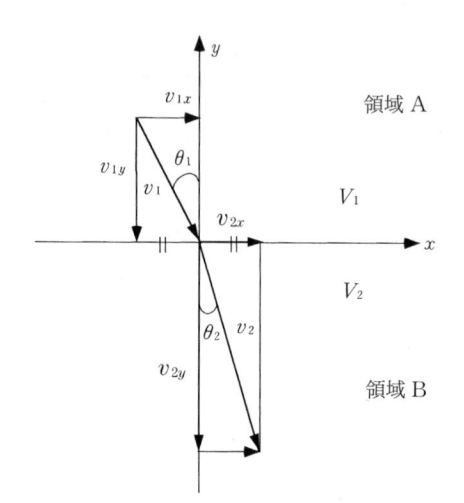

図7.14　電子ビームの屈折

線方向より角度 θ_1 で電位 V_2 の領域 B に入射した場合について考えよう。

このとき，領域 A では V_1 で加速され，速度を v_1 とすると

$$\frac{1}{2}m_e v_1^2 = eV_1 \tag{7.38}$$

より

$$v_1 = \sqrt{\frac{2eV_1}{m_e}} \tag{7.39}$$

v_1 の x 方向，y 方向の成分をそれぞれ v_{1x}, v_{1y} とすれば

$$v_{1x} = v_1 \sin\theta_1 \tag{7.40}$$
$$v_{1y} = v_1 \cos\theta_1 \tag{7.41}$$

また領域 B の電位を V_2，法線となす角度を θ_2 とすれば，領域 B の速度 v_2 は

$$\frac{1}{2}m_e v_2^2 = eV_2 \tag{7.42}$$

より

$$v_2 = \sqrt{\frac{2eV_2}{m_e}} \tag{7.43}$$

v_2 の x 方向，y 方向の成分をそれぞれ v_{2x}, v_{2y} とすれば

$$v_{2x} = v_2 \sin\theta_2 \tag{7.44}$$
$$v_{2y} = v_2 \cos\theta_2 \tag{7.45}$$

となる。ここで，x 方向には何の力も作用しないから，境界面では x 方向の成分は同じ値をとる。

$$v_{1x} = v_{2x} \tag{7.46}$$

したがって

$$v_1 \sin\theta_1 = v_2 \sin\theta_2 \tag{7.47}$$

したがって，電子がこの境界面で屈折するときの屈折率を n_{21} とし，光線の屈折率と同じように n_{21} をつぎのように定義すれば式 (7.47) より次式を得る。

$$n_{21} = \frac{\sin\theta_1}{\sin\theta_2} = \frac{v_2}{v_1} \tag{7.48}$$

ここで，v_1, v_2 に式 (7.39)，(7.43) を代入すれば

7. 真空中の電子の運動

$$\frac{v_2}{v_1} = \frac{\sqrt{\dfrac{2eV_2}{m_e}}}{\sqrt{\dfrac{2eV_1}{m_e}}} = \frac{\sqrt{V_2}}{\sqrt{V_1}} \tag{7.49}$$

したがって，式 (7.48)，(7.49) より

$$n_{21} = \frac{\sqrt{V_2}}{\sqrt{V_1}} \tag{7.50}$$

このように，屈折率は電位によって変化する。このことは電子ビームが θ_1 で入射し，屈折して θ_2 になる。つぎに，$v_{1x} \ll v_{1y}$ の場合について考えよう。式 (7.39) より

$$v_1 = \sqrt{\frac{2eV_1}{m_e}} \tag{7.51}$$

また，V_2 の電位が V_1 の電位より $\varDelta V_{21}$ だけ高い場合

$$V_2 = V_1 + \varDelta V_{21} \tag{7.52}$$

式 (7.52) を式 (7.43) に代入すれば

$$v_2 = \sqrt{\frac{2e(V_1 + \varDelta V_{21})}{m_e}} \tag{7.53}$$

したがって屈折率は式 (7.51)，(7.53) を式 (7.48) に代入すれば

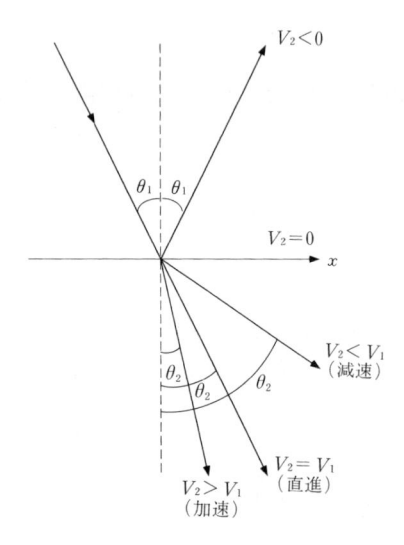

図 7.15 電子ビームの屈折状態

7.6 電子レンズ

$$n_{21} = \frac{v_2}{v_1} = \sqrt{1 + \frac{\Delta V_{21}}{V_1}} \tag{7.54}$$

図 7.15 には V_1 と V_2 との大小関係による電子ビームの屈折の状態を示す。

等電位面が曲線を持つ場合は，光線の場合におけるガラスレンズのように，電子ビームに対するレンズの性質を持つ。図 7.16 には，等電位面がそれぞれの場合において光線における**集束レンズ**（convergent lens）（凸レンズ）と**拡散レンズ**（diffusion lens）（凹レンズ）に対応する例を示す。

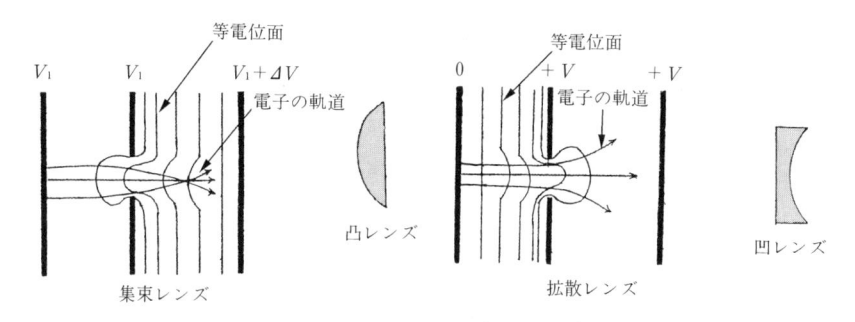

図 7.16 集束レンズと拡散レンズ

図 7.17 には二つの円筒電極を用意し，それぞれの電極に V_1，V_2 を与えた場合に，電子ビームが運動する軌道を示す。この場合，$V_1 < V_2$ であるため，V_1 内を通過する電子ビームはギャップの直前の左側では中心に向かうように屈折し，逆にギャップの右側では中心軸からはずれるように屈折する。

一方，径方向電界は中心軸から離れるに従って増加する。左側の電子ビームの位置が右側の電子ビームの位置より中心軸から離れており，その分だけ左側

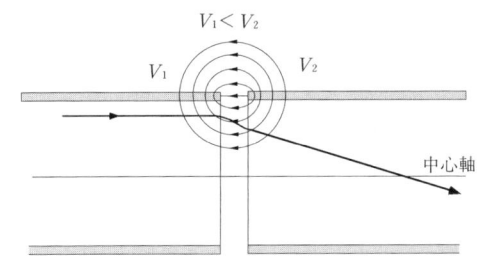

図 7.17 電子ビームの電界レンズによる集束（$V_1 < V_2$）[3]

で内側に曲がる力の方が，右側で外側に曲がる力より大きくなる。また，左側領域で電子ビームが通過するときも，V_1 が小さいだけ加速度が小さく電界の影響を受ける時間が長い。その結果，電子ビームは中心軸に向かうように曲がり，集束レンズの作用をする。

つぎに，$V_1 > V_2$ の場合について図 7.18 に示す。

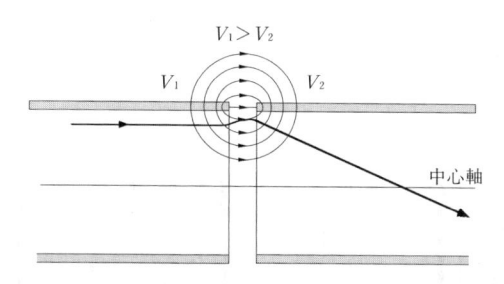

図 7.18　電子ビームの電界レンズによる集束（$V_1 > V_2$）[3]

この場合も結果として集束レンズとなることが面白い。すなわち，$V_1 > V_2$ であるため，領域 V_1 から領域 V_2 に進行する電子ビームはギャップの左側では拡散レンズとして作用するため，一端は径方向に拡散するが領域 V_2 に達すると，集束レンズとして作用する。ここで左側の領域におけるよりも右側における径方向電界が大きく，そのうえ領域 V_2 の方が速度が小さくなるため急激

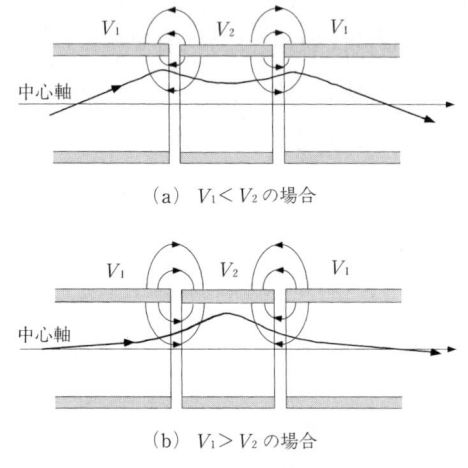

（a）$V_1 < V_2$ の場合

（b）$V_1 > V_2$ の場合

図 7.19　電子ビームの集束（三つの電極の場合）[3]

に曲がり，結果として集束レンズとして作用する。

図7.19には，三つの電極によって静電レンズを構成した場合を示す。

これらの電子ビームの経路は，以上の二つの経路の組み合わせによって説明することができる。このように，電位分布によって，電子ビームがレンズの作用をするとき**静電レンズ**（electrostatic lens）と呼ばれ，後述のように，ブラウン管オシロスコープなどの電子ビームの応用分野に広く利用されている。

7.6.2 磁気レンズ

電子ビームが磁界によって曲がる性質を利用したレンズを**磁気レンズ**（magnetic lens）という。静電レンズと異なる点は，磁気レンズにおいては凹レンズの作用がない点である。いま，**図7.20**に示すように，磁界の向きに平行な速度 v_0 を持った電子ビームは，磁界の影響を受けることがなくOPの線上をそのまま直線運動をして点Pに到達する。

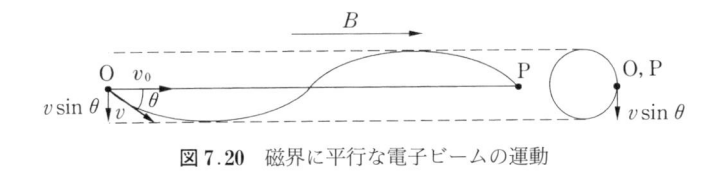

図7.20 磁界に平行な電子ビームの運動

一方，磁界の向きに対して，小さな角度 θ をもって速度 v で放出された電子は，磁界と直角に $v\sin\theta$ の速度成分を持っているため，ローレンツ力の影響を受けて回転運動を伴いつつ磁界方向に進行する。その後一回転の後，点Pで再びOP線上に戻る。いま，θ は小さいと仮定しているため，磁界方向の速度は近似的に v に等しいとおけば，点Pに達するまでの時間 T は，角速度 ω （$=2\pi f$；f：周波数）を用いて

$$T = \frac{2\pi}{\omega} \tag{7.55}$$

ここで，ω に対して式（7.23）を用いて

$$T = \frac{2\pi m_e}{eB} \tag{7.56}$$

したがって，OPの長さ $\overline{\text{OP}}$ は

$$\overline{\mathrm{OP}} = vT = v\frac{2\pi m_e}{eB} = 2\pi\frac{m_e v}{eB} \tag{7.57}$$

となって放射角 θ によらず一定の値となる。したがって，点 O に速度 v の電子を供給する電子源があれば，そこから放出される電子は，点 P に実像を結ぶことになる。この場合，倍率は 1 になる。

　実用される磁気レンズにおいては，例えば図 7.21 に示すように，磁界は電子線の通路の一部に印加される。いま，図 7.22 に示すように永久磁石によってつくられた磁界中を電子ビームが描く軌跡について考えてみよう。

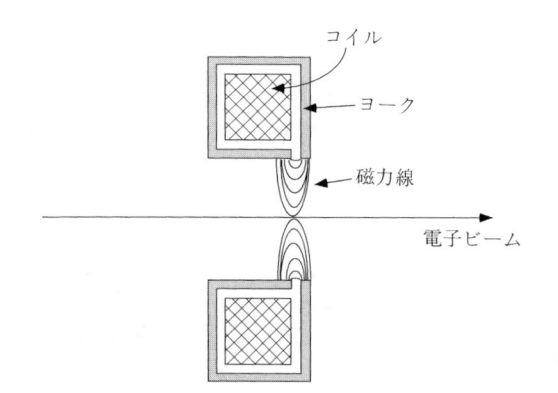

図 7.21　磁気レンズ

　いま，電子ビームが中心軸から少し離れて軸に平行な方向でこの領域に飛び込んできた場合について考えると，磁力線の分布は図の矢印で示す方向に分布しているため，最初電子はおもに径方向に分布している磁力線にぶつかる。

　そのため，電子はその運動方向と磁力線に垂直方向にローレンツ力が作用し，紙面から飛び出してくる方向に力を受けて回転運動しながら軸方向に進行する。しかし，磁力線の向きは電子が進行するに従って径方向より軸方向に変わってくるため，回転方向に運動する電子は軸方向の磁力線を切断し，今度はローレンツ力と軸方向の磁力線の向きに垂直な中心軸に向かう力が作用する。

　つぎに，中央から離れていくに従って，磁束密度は再び径方向の成分が増えてくるが，その向きは，中心より左側の場合の逆となるため，再びローレンツ力が作用し，今度は回転運動を抑制する向きに作用する。そして，磁界領域を

7.6 電子レンズ

図7.22 磁気集束レンズ中の電子の運動

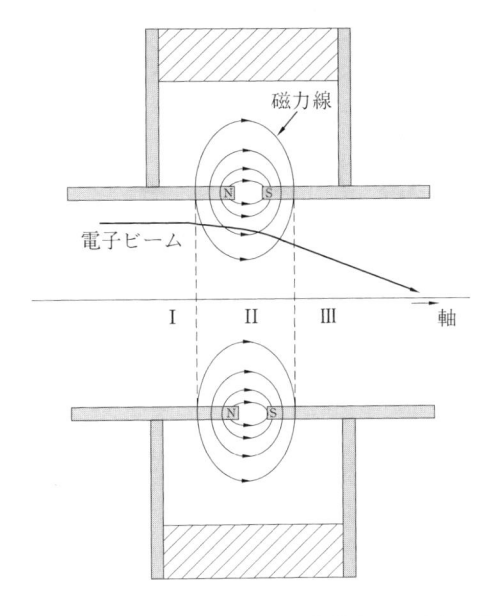

I, III：径方向の磁力線によるローレンツ力を受ける領域
II：軸方向の磁力線によるローレンツ力を受ける領域

出るときには，回転運動の成分はなくなる。

したがって，電子が磁界領域を超えたときには，回転運動はなくなり，軸方向の成分を持ちながら進行し，レンズの後方にある管軸で交差して進行する。このように局部的に磁界を印加することによって集束レンズが可能となる。

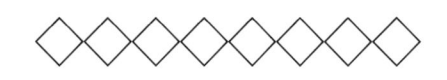

8 電子ビーム

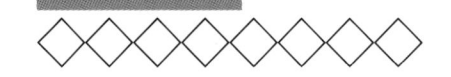

8.1 概　　説

　7章において，電界中や磁界中で1個の電子がどのような運動をするかについて学んだ．通常，電子は多数個の流れの状態で応用される．このような状態は**電子ビーム**（electron beam）と呼ばれる．電子ビームを発生するには電子銃を用いる．集束した電子ビームは電界や磁界の作用によって偏向されたり集束されて種々の装置に応用される．

　ここではその例としてブラウン管オシロスコープや電子顕微鏡をとり上げて，その原理を学ぶ．電子ビームは物質に衝突するとそのエネルギーは吸収されて，その一部は熱に変換される．この現象は電子ビーム加工に応用される．また，電子ビームには，写真作用や蛍光作用があるほか，そのエネルギーをさらに高めて物質に当てると，X線が放射される．そこで，本章では電子ビームとその応用について学ぶ．

8.2 電　子　銃

　図8.1に示すように，陰極から放出された熱電子は，電極間の電界で加速されて陽極に集められる．そこで，陽極の中心部に小さな穴をあけておけば，電子はその穴から通り抜けた電子ビームの流れとなって取り出せる．一般に，ブラウン管や電子顕微鏡のような電子ビームを応用する装置において，電子ビームを放射する源を**電子銃**（electron gun）という．

熱陰極　電子　陽極

電子ビーム

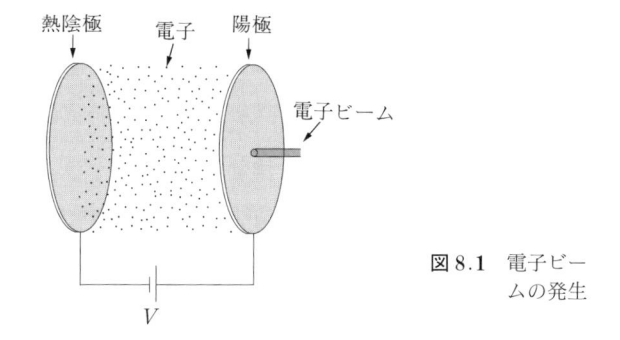

図 8.1　電子ビームの発生

電子銃は，図 8.2 に示すように電子源の**陰極**（cathode）と電子を加速する加速電極，および電子ビームを収束する電子レンズ系によって構成される。

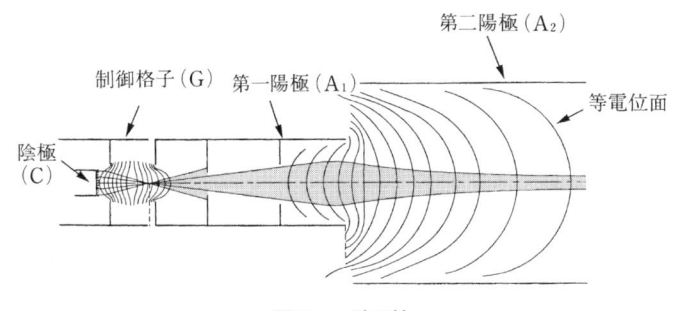

陰極(C)　制御格子(G)　第一陽極(A_1)　第二陽極(A_2)　等電位面

図 8.2　電子銃

同図において，C は熱陰極に相当し，多量の電子を放出する。G，A_1 はそれぞれ**格子**（grid），**第一陽極**（first anode）であり，C，G，A_1 で三極真空管を構成していると考えればよい。また，A_2 は**第二陽極**（second anode）であり A_1，A_2 で静電レンズを構成している。

A_1 に 2 500 V 程度の高電圧を印加すると，陰極から放出された電子は，この高電圧によって A_1 に向かって加速される。陰極と第一陽極間は電子のみ存在するから，この空間の電位は空間電荷の影響を受けている。そこで格子に負電位をかければ，第一陽極に到達する電子の流れは制御される。すなわち，格子の電位を極端に負にすれば，陰極から放出された電子は格子の負電位に反発されて，第一陽極に到達することができない。

このとき，電子ビームはオフ状態になる。ブラウン管では，電子ビームを蛍

光面にあてて，それから光を放出させるため，電子ビームの強弱によってブラウン管の輝度が変わる。そこで格子の電位によってブラウン管の放出光の輝度変調をすることができる。

A_1-A_2間では，静電レンズを構成しA_1側で拡散レンズ，A_2側で集束レンズとして作用し，A_2後半より集束された電子ビームが得られる。

8.3 ブラウン管オシロスコープ

1895年にドイツのストラスブール大学のブラウン教授（K. F. Braun）は，学生に電圧の波形を観察できるようにと，電子ビームによる蛍光体の発光を利用した電子管を発明し，**ブラウン管オシロスコープ**（Braun tube oscilloscope）と呼ばれるようになった。別名**陰極線オシロスコープ**（cathode ray oscilloscope）とも呼ばれる。ブラウン管オシロスコープは，電子ビームを偏向する方式によって二つに分けられる。電界によって電子ビームを偏向する方式は**静電偏向形**（electrostatic deflection type）**ブラウン管オシロスコープ**，磁界によって電子ビームを偏向する方式は**電磁偏向形**（electromagnetic deflection type）**ブラウン管オシロスコープ**と呼ばれる。

8.3.1 静電偏向形ブラウン管オシロスコープ

図8.3に静電偏向形ブラウン管オシロスコープの構造を示す。

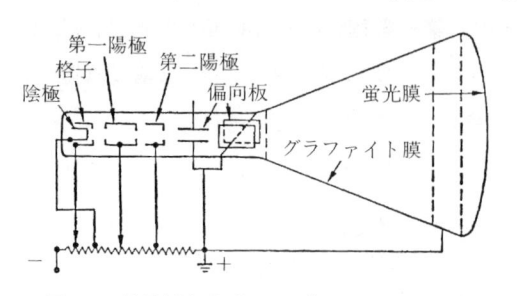

図8.3　静電偏向形ブラウン管オシロスコープ

ブラウン管の管内は十分に真空排気されており，電子ビームを生成する電子銃と，電子ビームを偏向する**偏向電極**（偏向板）（deflection plate）および電子ビームの投射によって発光する蛍光面によって構成される。

電子銃から放出された電子は負電荷であるため，そのままではおたがいの反発力ですぐに四方八方に拡散してしまう。そこで，加速電極に正の電圧を印加して，電子の流れをつくり，さらに電子レンズの作用によって電子ビームを作り出す。加速電圧として，通常数千 V 程度の高電圧を印加する。高電圧で加速された電子は高速で偏向電極に到達する。いま，加速電圧を V_0，電子の質量を m_e，電子の電荷を e とすれば，電子が加速されて偏向電極に到達する速度 v_0 は

$$v_0 = \sqrt{\frac{2eV_0}{m_e}} \tag{8.1}$$

つぎに偏向電極の作用について考察しよう。図 8.4 に示すように偏向電極の寸法について，その長さを l，電極の間隔を d とし，印加されている電圧を V とすれば，偏向板間の電界 E は次式で与えられる。

$$E = \frac{V}{d} \tag{8.2}$$

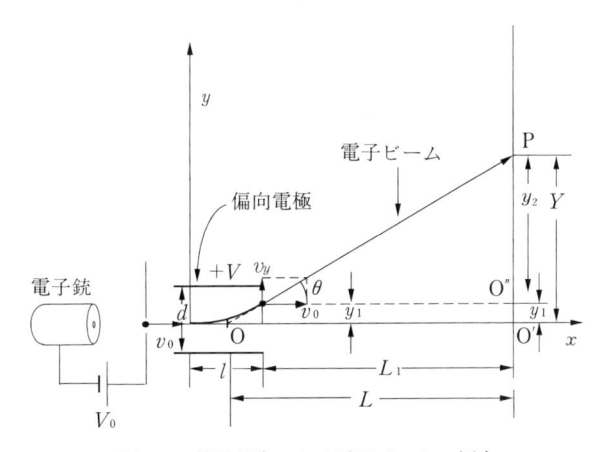

図 8.4　静電偏向による電子ビームの偏向

この電界は偏向電極に水平方向に入射した電子に対して，垂直方向に作用するため，電子は電界によって垂直方向に力 eE を受ける。そこで，電子の垂直方向の加速度を a とすれば，a は式 (3.5) より

$$a = \frac{eE}{m_e} = \frac{e}{m_e}\left(\frac{V}{d}\right) \tag{8.3}$$

となる.つぎに,電子が偏向電極を通過する時間 t は

$$t = \frac{l}{v_0} \tag{8.4}$$

したがって,電子が偏向電極を出るときの垂直方向への移動距離 y_1 は,式 (8.3), (8.4) より

$$y_1 = \frac{1}{2}at^2 = \frac{1}{2}\left(\frac{e}{m_e}\frac{V}{d}\right)\left(\frac{l}{v_0}\right)^2 \tag{8.5}$$

ここで,式 (8.1) の v_0 を上式に代入して整理すれば

$$y_1 = \frac{1}{4}\left(\frac{l^2}{d}\right)\left(\frac{V}{V_0}\right) \tag{8.6}$$

一方,電子が偏向電極を出るときの y 方向の速度 v_y は,式 (8.3) (8.4) を用いて

$$v_y = at = \frac{e}{m_e}\left(\frac{V}{d}\right)\left(\frac{l}{v_0}\right) \tag{8.7}$$

したがって,電子が偏向電極より放射される角度を θ とすれば,式 (8.1), (8.7) より

$$\tan\theta = \frac{v_y}{v_0} = \frac{e}{m_e}\left(\frac{V}{d}\right)\left(\frac{l}{v_0^2}\right) = \frac{l}{2d}\cdot\frac{V}{V_0} \tag{8.8}$$

したがって

$$\theta = \tan^{-1}\left(\frac{l}{2d}\cdot\frac{V}{V_0}\right) \tag{8.9}$$

となる.このように θ は偏向電極に印加される電圧 V に比例し,加速電圧 V_0 に反比例することがわかる.偏向電極を通過した後は電界が存在しないため,電子が放射されたときの角度 θ で,そのまま直線運動を続けて蛍光面上の点 P で衝突して光を放射する.

このとき,図 8.4 に示すように偏向電極の端より,蛍光面までの距離を L_1 とし,偏向電極の中心より水平方向に延長し蛍光面と交わる点を O′ とし,O′ より y_1 の高さを O″ とする.このとき,O″ から P までの高さを y_2 とすれば,式 (8.8) より

$$y_2 = L_1 \tan\theta = L_1 \left(\frac{l}{2d}\right)\frac{V}{V_0} \tag{8.10}$$

したがって，点 P までの距離 Y は式 (8.6)，(8.10) を用いて

$$Y = y_1 + y_2 = \frac{1}{4}\left(\frac{l^2}{d}\right)\left(\frac{V}{V_0}\right) + L_1\left(\frac{l}{2d}\right)\frac{V}{V_0} \tag{8.11}$$

ここで，偏向電極の寸法は，偏向電極より蛍光面までの距離に比べて十分小さいため上式の第1項は省略し，さらに偏向電極の中心から蛍光面までの距離を L とすれば，$L_1 \approx L$ であるため

$$Y = L\frac{l}{2d}\left(\frac{V}{V_0}\right) \tag{8.12}$$

となる．このように，電子ビームは蛍光面の中心より Y の位置の点 P に衝突し，この部分が発光する．そこで，この点を発光点と呼べば，発光点の位置は偏向電極に印加される電圧 V に比例し，加速電圧 V_0 に反比例する．

そこで，偏向電極の印加電圧によって発光点が変わることがわかった．いま，蛍光面上において，水平方向を x 軸，垂直方向を y 軸にとれば図 8.5 (a) に示すように，上下に平行に配置された偏向電極面に印加する電圧によって，発光点は y 方向に移動する．

まったく同様に偏向電極面を左右に平行に配置すれば，発光点はそこに印加

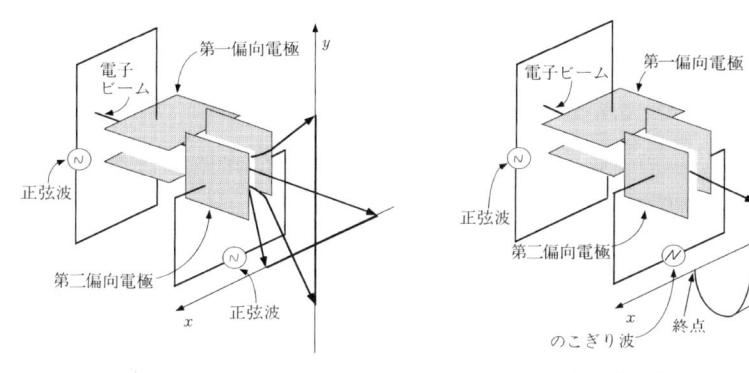

（a）電子ビームによる x 軸，y 軸への直線掃引

（b）電子ビームによる正弦波の掃引

図 8.5　静電偏向形オシロスコープの掃引

される電圧によって x 方向に移動することがわかる。いま，上下に平行におかれた電極を第一偏向電極，左右に平行におかれた電極を第二偏向電極とする。そこで第一偏向電極に正弦波信号を印加すれば，発光点は蛍光面の中心に対して y 方向に変位するため，画面上では y 方向の一本の直線となって観察される。同様に，第二偏向電極に正弦波信号を印加すれば，x 方向の直線となって観察される。

つぎに，図 8.5(b) に示すように第一偏向電極には観察用の正弦波信号を，第二偏向電極にはのこぎり波の信号を印加すれば，発光点は正弦波信号の振幅に比例して y 方向に振れながら，のこぎり波信号によって x 方向に移動するため，発光点は画面上で正弦波波形を描くことになる。

のこぎり波の波形は一周期で再び零点になるため，図 8.5(b) に示すように発光点は画面上で再び始点に戻ることになる。

蛍光面は残光特性があり，また周波数が高くなれば1回の掃引波形の発光が消える前につぎの発光が掃引されるため，画面上には信号波形が消滅しないで観察される。また，両電極には周波数の異なる正弦波信号を加えれば，合成された信号はそれらの比によっていろいろな波形が得られる。これを**リサージュ図形**（Lissajous figure）という。

8.3.2 電磁偏向形ブラウン管オシロスコープ

一般のテレビ受像管では，利用する周波数帯域が決まっていることと，偏向電極から蛍光面までの距離をできるだけ小さくして，薄形のテレビ受像器を作る必要から偏向部分に磁界を用いて電子ビームを大きく偏向する方式が採用されている。この方式を電磁偏向形ブラウン管オシロスコープと呼んでいる。

いま，図 8.6 に，電磁偏向形ブラウン管オシロスコープの概略図を示す。

電子銃から放出された電子ビームは，静電レンズを通してビーム状となって偏向電極に到達する。偏向電極には偏向コイルが配置されており，偏向コイルに電流を流して磁界を発生する。そこで図 8.7 に示すように，電子ビームが磁界によって振られた角を θ とすれば，偏向電極を通過したときの振れ y_1 は磁界による曲率半径 r_0 を用いて

8.3 ブラウン管オシロスコープ

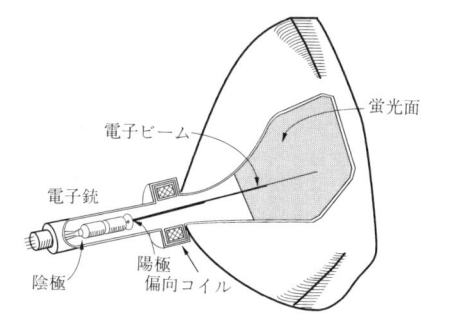

図 8.6 電磁偏向形ブラウン管オシロスコープ

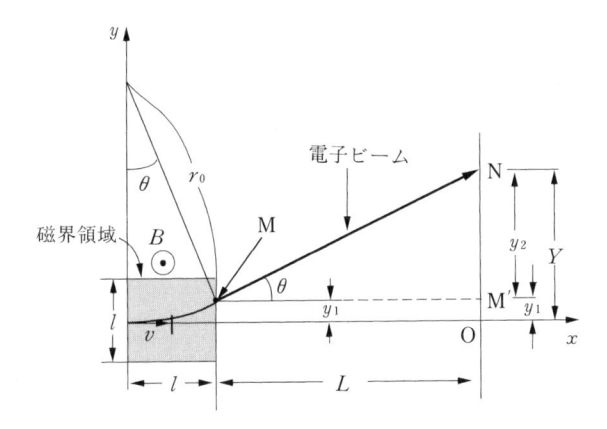

図 8.7 電磁偏向による電子ビームの偏向

$$y_1 = r_0 - r_0 \cos\theta = r_0(1-\cos\theta) \tag{8.13}$$

ここで，θ は非常に小さいから

$$\cos\theta = 1 - \frac{\theta^2}{2} \tag{8.14}$$

と置けば

$$y_1 = \frac{1}{2}r_0\theta^2 \tag{8.15}$$

いま，磁界の印加されている領域を l とすれば，$\theta \approx \cos\theta$ より

$$\theta = \frac{l}{r_0} \tag{8.16}$$

このとき，電子ビームの速度 v，磁束密度を B とすれば，電子ビームの曲率半径は，式 (7.20) を用いて次式となる

$$r_0 = \frac{m_e v}{eB} \tag{8.17}$$

式(8.17)を式(8.16)に代入すれば

$$\theta = \frac{leB}{m_e v} \tag{8.18}$$

電子ビームが偏向電極を出る位置を M とする。いま,図8.7に示すように電子ビームが蛍光面に衝突する点を N とし,蛍光面の中心点 O から y_1 の位置を M′ とし,変位 $\overline{\text{ON}}$ を Y,$\overline{\text{MM}'}$ を L,$\overline{\text{M}'\text{N}}$ を y_2 とすれば

$$y_2 = L \tan \theta \fallingdotseq L\theta \tag{8.19}$$

したがって,変位 Y は式(8.15)(8.19)を用いて

$$Y = y_1 + y_2 = y_1 + L \cdot \theta = \frac{1}{2} r_0 \theta^2 + L \cdot \theta = \theta \left(\frac{1}{2} r_0 \theta + L \right) \tag{8.20}$$

式(8.18),(8.20)より

$$Y = \frac{el}{m_e v} \left(\frac{1}{2} r_0 \theta + L \right) B \tag{8.21}$$

ここで,B はコイルの電流 I に比例するため,変位 Y はコイル電流に比例することになる。

　実際のテレビ受像管では,電子ビームによって画面上に映像を写し出すために,いろいろ工夫がなされている。すなわち,電子ビームはブラウン管上で x 方向に**掃引**(sweep)されるが,右端までくると少し下方のつぎの掃引線の始点に戻り,そこから掃引をする。つぎつぎに掃引して,最後の点までくるとまた最初の始点に戻る。この動作を**フライバック**(fly-back)と呼んでいる。電子ビームは掃引と同時に信号によって,その強弱を変えられ輝度変調される。また,人間の目の残像効果を利用し画像の安定を図るために,掃引は一本置きに掃引される。

　通常のテレビの場合は掃引線は525本である。さらにカラーテレビでは蛍光面上に三原色のドットが印刷されており,それらドットを電子ビームがたたいて合成カラー色を発光するよう工夫されている。この方式を**シャドウマスク**(shadow mask)**方式**と呼んでいる。

8.4 電子顕微鏡

通常,物質を拡大して観察するためには,光学顕微鏡が使用される。光学顕微鏡の原理は,光源より光線をレンズに当てて収束し,これを試料に当てて光を透過させ対物レンズと投射レンズによってさらに像を拡大して観察するものであるが,基本的に光線を使用するため,光の波長より小さな物質は区別できない。これは,分解能が光の波長に依存するためである。そこで,光の波長よりさらに小さな物体を調べるためには,光の波長よりはるかに短い波長の電子の力を借りることになる。このような装置を**電子顕微鏡**(electron microscope)という。図8.8に電子顕微鏡の原理図を示す。

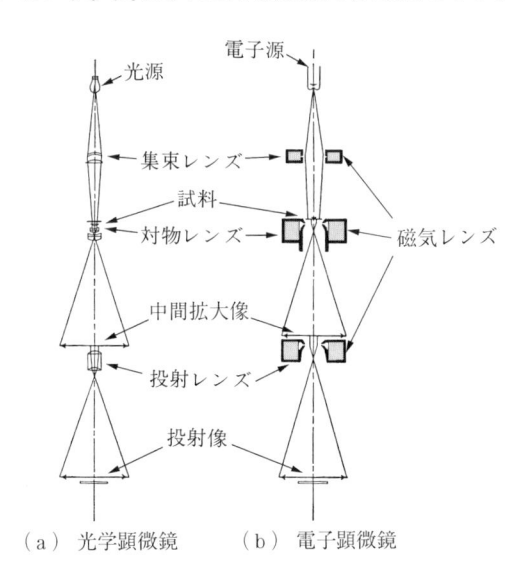

図8.8 電子顕微鏡の原理

(a) 光学顕微鏡　(b) 電子顕微鏡

電子源には熱陰極形のタングステンが用いられる。電子源から放出された電子ビームは,高電圧を印加した陽極で高速に加速され,さらに集束レンズに相当する磁気レンズによって集束されて試料に当てられる。試料に衝突した電子ビームは試料の性質によって散乱し,対物レンズに相当する磁気レンズで拡大されて中間拡大像をつくる。これをもう一段投射レンズに相当する磁気レンズ

で拡大し、蛍光板または乾板上に投射する。通常、数千倍から数万倍に拡大されるが、写真の引き伸ばしによる拡大も含めれば100万倍程度となる。

8.5 電子ビームの吸収

いま、電子ビームが物質中を進行していくとき、進行方向単位長あたりの電子の数を N、その速度を v とすれば、電子ビームによる電流 I は、次式となる。

$$I = evN \tag{8.22}$$

電子は進行するに従って、原子や分子と衝突して散乱されて、進行方向からそれていく。また、非常に高電界で加速された電子ビームは、その運動エネルギーが非常に大きいため、進行方向はそのままで速度が減少する場合がある。上式によれば、電子ビームの電流値は電子数 N が減少しても、その速度 v が低下しても減少する。このように、電子ビームが物質中を通過中にその電流が減少していく現象を**吸収**（absorption）と呼んでいる。

吸収の過程は電子と原子・分子との種々の衝突過程を含んでおり、複雑な過程であるが、近似的には光の吸収や放射線の吸収と同じ形の式で表すことができる。いま、図8.9に示すように電子ビーム電流の初期値を I_0 とし、電子ビームが厚さ x の物質を通過したときの電流を I とすれば、I は**吸収係数**（absorption coefficient）μ を用いて次式で与えられる。

$$I = I_0 e^{-\mu x} \tag{8.23}$$

ここで、単位長あたりの電流の減少の割合は

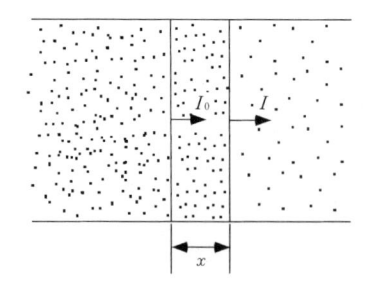

図8.9 電子ビームの吸収

8.5 電子ビームの吸収

$$-\frac{dI}{dx} = \mu I_0 e^{-\mu x} = \mu I \tag{8.24}$$

いま，電子ビームが物質中に進入した場合，電子ビームが物質と衝突しないで，どの程度進入するかについて考えてみよう．この場合，N_0 個の電子が図 8.10 に示すように物質中を進行し，途中散乱を受けることなく進入する平均距離を s としよう．

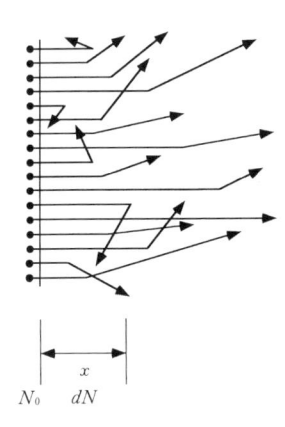

図 8.10 粒子の衝突散乱

いま，N_0 個のうち x まで進入できる電子の個数を dN 個とすれば，以下の関係が成立する．

$$s = \frac{1}{N_0} \int_{N=0}^{N_0} x \, dN \tag{8.25}$$

いま，式 (8.22)，(8.24) より

$$dN = -N\mu \, dx \tag{8.26}$$

この関係を式 (8.25) に代入すれば，s は大きさだけを考慮して

$$s = \frac{1}{N_0} \int_{x=0}^{\infty} x N \mu \, dx \tag{8.27}$$

式 (8.22)，(8.24) を使用して計算すれば

$$s = \frac{1}{\mu} \tag{8.28}$$

となる．すなわち進入の平均距離 s は $1/\mu$ に等しくなる．そこで，電子ビームが平均距離まで進入したとき，電流値がどの程度減少するかについて考えて

みよう。それには式 (8.23) の x の代わりに式 (8.28) の s を代入すれば，電子電流 I は (I_0/e)，すなわち I_0 の 37% になることがわかる。

μ は電子ビームのエネルギー V_0 によって著しく変化する。その理由は，電子ビームと原子・分子との衝突が電子ビームのエネルギーによって非常に異なるためである。図 8.11 はアルミニウム（Al）の場合の電子エネルギー V_0 に対する s の値を示す。

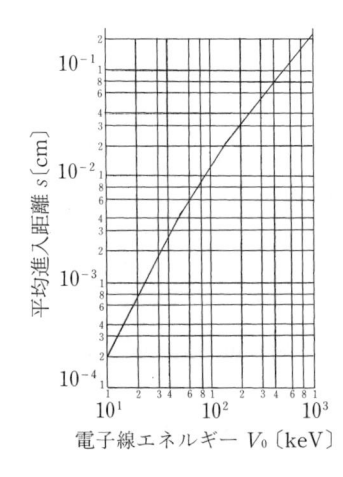

図 8.11 Al 中の電子ビームの進入の深さ

図に示されるように，200 keV の値を持った電子ビームは Al の表面から 0.03 cm の深さまで達する。このとき，Al の 200 keV 電子ビームに対する吸収係数 μ は

$$\mu = \frac{1}{s} = \frac{1}{0.03} = 33.3 \text{ cm}^{-1} \tag{8.29}$$

となる。

8.6 電子ビーム加工

図 8.12 に示すように，電子ビームが物体に衝突すると，電子の運動エネルギーは物体の熱エネルギーに変換されるため，電子ビームの照射された部分が局部的に加熱される。この現象を利用して，金属加工を行う技術を**電子ビーム加工**（electron beam machining）と呼んでいる。

8.6 電子ビーム加工

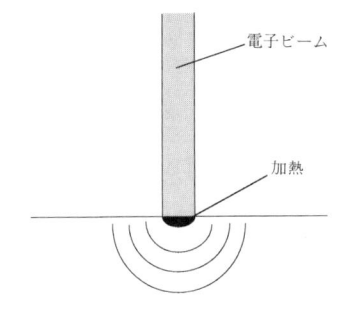

図 8.12 電子ビームによる加熱

通常，高エネルギーの電子ビームとするためには，真空中で電子を高電圧で加速する必要があり，電子ビーム加工も真空中で行う．電子ビーム加工では，電子ビームを制御系によって非常に細くすることができるため，超微細の加工が可能となるほか，機械的に取り扱いづらい材料への加工が可能であるなどの利点があるが，先に述べたように高真空下で電子ビームを使用するため，電子ビームの物理的条件と材料との整合の点でかなりの経験を必要とする．図8.13には**電子ビーム加工装置**（electron beam machine）の基本的構造を示す．

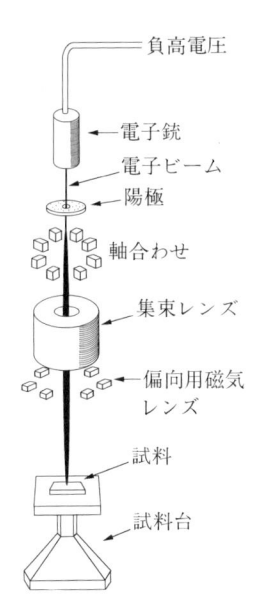

図 8.13 電子ビーム加工装置の原理

基本的にはほかの電子ビーム応用装置と同じように電子を放射する電子銃，電子ビームを作り出す電子レンズ系，および電子ビームを偏向する偏向レンズならびにこれらの電気信号を制御する制御系によって構成されている。

電子銃は通常，熱陰極タングステン電極が使用されている。電子銃から放出された電子は陽極によって十分加速される。陽極の中心には小穴が設けてあり，そこを通過した電子ビームは，電磁石で構成されている集束レンズによってさらに細く絞られる。さらに，電子ビームは偏向用の磁気レンズで偏向されて試料に到達する。電位が接地電位に相当する被加工物に対し，電子銃部は負の高電圧で使用する。およその加速電圧は 100 kV，電子ビーム電流数 mA，スポートの径が数 μm 程度である。

8.7 X 線 放 射

高速の電子ビームを重金属に当てると，波長のきわめて短い電磁波の **X 線** (X rays) を放射する。1895 年 11 月 8 日（金）の夕方，ドイツのヴュルツブルク大学の教授であったレントゲンが真空放電の研究中に発見した。そして，この研究結果を同じ年の 12 月 28 日付の同大学の物理学誌に「放射線の一新種について」という題目で最初の論文を発表している。そのときレントゲン 50 歳であった。その後，最初のノーベル物理学賞はレントゲンの頭上に輝いた。レントゲンは 1923 年ミュンヘンにおいて逝去した。79 歳であった。X 線はレントゲン線とも呼ばれ，胸部のレントゲン撮影や骨折の撮影や，金属探傷などに広く応用されている。

さて，高電圧真空放電において，陰極から放出される電子ビームの大部分は陽極の加熱のために消費される。X 線に転じるエネルギーはきわめてわずかであり，X 線に変換される割合を能率 η とすれば，η は，次式で与えられる。

$$\eta = 1 \times 10^{-9} ZV \quad [\text{eV}] \tag{8.30}$$

ここで V は加速電圧，Z は原子番号である。この式からわかるように，陽極としては，Z の大きい重い金属を用いるほど電子ビームが X 線に変わる割合は大きくなる。

8.7　X 線 放 射

　X線の波長範囲は100〜0.05Åであり，より長い波長は極短紫外部へ，より短い波長はγ線領域に続く．普通よく使用されている波長の範囲は0.1〜0.8Åのあたりである．陽極から放射するX線のスペクトル分布を調べると図8.14に示すようになる．スペクトル線は線スペクトルと連続スペクトルから構成される．線スペクトルを**特性X線** (characteristic X-ray)，連続スペクトルを**連続X線** (continuous X rays) または**白色X線** (general X rays) と呼ぶ．

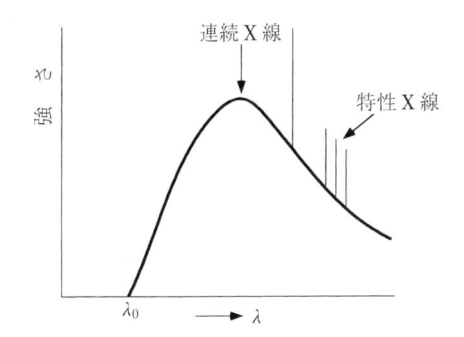

図8.14　X線のスペクトル分布

　つぎに特性X線の発生機構について説明しよう．電子が原子に衝突して，原子核近くの電子を原子の外側にはじき出すと，その空席に外側の軌道から電子が落ち込む．このとき，外側と内側のエネルギー差は$h\nu$の形で外部に放射される．このとき放射されるX線が特性X線である．空席がK準位のとき，この準位より外側のL, Mなどの準位より落ち込んだときに生じるX線をK系のスペクトルと呼んでいる．

　同様に，L系，M系スペクトルがある．このように，特性X線のスペクトルの発生機構は，原子のスペクトル放射の機構とまったく同じであるために，線スペクトルとなり，その波長は原子自身の構造によって特徴づけられており，衝突する電子の性質にはまったく関係しない．

　一方，原子に衝突した電子が原子の内部に入り，原子核によって生じる電界の影響によって曲げられ，低いエネルギー準位に遷移する場合がある．このときのエネルギー差は外部に$h\nu$の形で放出する．このような形で発生するX線

を連続X線という。特性X線が原子内の電子のエネルギー遷移によって起こる放射であるのに対して，連続X線の方は，衝突電子自身のエネルギー遷移によって生じる放射である点が異なる。いま，最初 eV_0 なるエネルギー状態にある電子が原子核の影響を受けて eV なるエネルギー状態に遷移した場合

$$e(V_0 - V) = h\nu \tag{8.31}$$

の条件を満足するような ν の値のX線の放射が得られる。

原子の外側に飛び出していく電子は，原子内で特定の軌道を回るわけではないから，原子の量子条件は適用されることなく V の値も連続的に任意の値をとることができる。したがって，式 (8.31) より ν の値は連続的に変化をし，連続X線となる。連続X線の発生機構が先に述べた形であるから，スペクトル線の強度の分布は，衝突電子のエネルギーおよび原子番号 Z に関係することになる。

図 8.14 に示されるように，連続X線のスペクトルには最短波長 λ_0 およびそのときの振動数 ν_0 が存在する。電子ビームのエネルギーを eV_0 とするとき

$$eV_0 = h\nu_0 \tag{8.32}$$

e および h の値を代入し，λ_0 を Å 単位で表せば

$$\lambda_0 = \frac{12\,400}{V_0(eV)} \quad [\text{Å}] \tag{8.33}$$

ここで λ_0 を**限界波長**（threshold wavelength）と呼ぶ。この式からわかるように，λ_0 は電子のエネルギーがすべて，光量子のエネルギーに変換された場合に相当し，これより短い波長は現れない。電子の加速電圧を増加すれば式 (8.33) よりわかるように，λ_0 は小さくなる。式 (8.33) を**デュエヌ-ハントの法則**（Duane-Hunt law）と呼ぶ。これと同じ関係が光電子放出における限界波長と仕事関数の間で成立する（式 (6.12) 参照）。その場合は光量子のエネルギーで，電子が放出される関係で λ の最長限界を与えることになる。

8.8 電子ビームによる排ガス処理

地球上の人口はますます増え続けていき，また人間の生活水準は，上昇する

8.8 電子ビームによる排ガス処理

一方である．それに伴って，それらの生活を支えていくエネルギー源は太古の昔は太陽エネルギーだけであったが，人類が鉄器を使い始めて以来，鉄の製造に多量の森林エネルギーを使用するようになり，さらに産業革命以降石炭，石油などの化石燃料がエネルギー源となり，しかもそれらは多量に燃焼されるため，大気の汚染は悪化の一途をたどっている．

大気は酸素・窒素が主体であり，人間が放出する炭酸ガスは，植物が光合成によって酸素に変えてきた．しかし，最近は森林資源の枯渇によって炭酸ガス処理能力の減少が起こり，炭酸ガスの大気中にしめる割合の増加が進むとともに，自動車の排気ガスや産業廃棄物の燃焼から多量の排気ガスが大気に放出されている．そこで，これらの排気ガスを減らすとともに，大気中に存在する気体について地球規模で還元処理しなければ，人類の将来はあり得ない．

電子ビーム排ガス処理とは，このような現状の空気中の有毒ガスを，電子ビームによって分解処理する方式である．代表的なシステムを**図 8.15** に示す．電子ビームを高圧で加速し，きわめて高いエネルギーにすると，たとえ金属であっても非常に薄くなれば 8.5 節で述べたように，透過することが可能である．そこで図 8.15 に示されるように高圧で加速された電子ビームは，薄い金

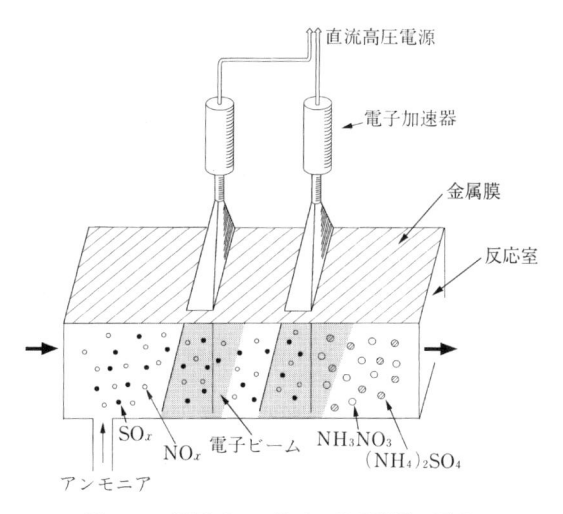

図 8.15 電子ビーム排ガス処理装置の原理

属膜を透過し大気中にシャワーとなって反応室に注入される。

反応室には SO_x, NO_x などの気体が送られ，それらがこの電子ビームシャワーによって分解され，その後酸化されて，H_2SO_4, HNO_3 などに変化する。これらの物質はさらにアンモニアとの中和反応によって有益な物質に変化される。このようにして電子ビームを用いて有毒ガスの分解が可能となり，現在，排ガス処理システムとして応用されている。

8.9 電子ビームによる表面処理

前節においては，高速の電子ビームによって大気中の有毒ガスを分解処理する方式について述べた。同じように，高電圧で加速した電子ビームを，物質の表面に照射し，表面の状態を改質する方法がある。このような方式は**電子ビームの表面処理**といわれる。ここでは，その原理および応用例について述べよう。

図 8.16 に**電子ビーム表面処理システム**の概略を示す。電子銃の部分は，ブラウン管などの電子銃と異なり，フィラメントが棒状に配置されており，フィラメントに電流を流して加熱すると，電子ビームは平面状となって放射される。これらの熱電子に数百 kV の高電圧をかけて加速する。

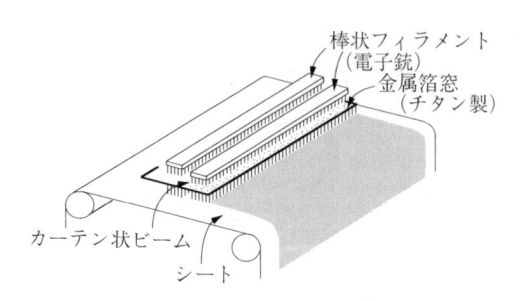

図 8.16 電子ビーム表面処理システム

電子銃および加速部分はいずれも真空容器に入れており，容器の下部に数十 μm 程度の薄いチタンからなる薄膜の窓があり，高圧で加速された電子ビームは，このチタン膜を透過して大気中に放射される。ここで，チタン膜は非常に

8.9 電子ビームによる表面処理

薄い膜であるが，それらが真空と大気との差圧に耐え得るように十分に支持物によって補強されている。

このようにしてチタン膜より放射された電子ビームは，カーテン状となって大気中に現れ，物質に照射される。電子ビームが被照射物に当たると表面の状態が改質され，硬化・架橋などの反応を起こし，目的によって表面が改善される。電子ビームによる表面処理を利用した一例を次に示す。図8.17は，紙の上に金属の蒸着膜を作るシステムを示す。

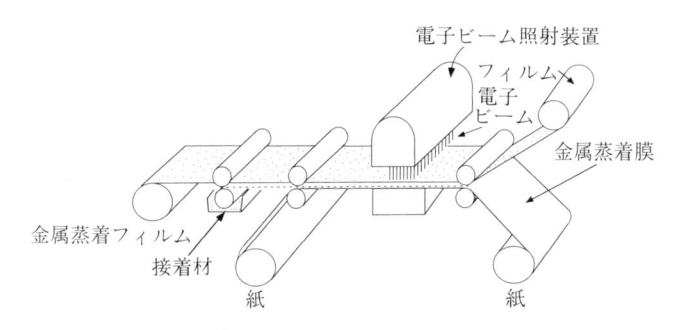

図8.17 蒸着膜加工装置

真空中で金属を蒸着したフィルムと，金属蒸着膜を作るために紙を用意する。蒸着フィルムと紙は，右側に送り出される過程で接着剤で接合されて，電子ビーム照射領域に入る。ここで，多量の電子ビームが，これらフィルムと紙の合成紙に照射されると，金属蒸着膜はフィルムから剝離され紙の上に転写され，紙の上で硬化するため，この領域から紙の表面に蒸着金属がラミネートされて出てくる。そこで，フィルムと紙を分離して巻きとれば，金属蒸着膜でラミネートされた紙が得られる。

電子ビームの応用範囲は金属の上に金属膜を転写する**メタライゼーション技術**（metallization technique）のほか，熱を使用しないでゴム表面を加硫したり，プラスチックフィルムの架橋，フロッピーディスクなどの磁気媒体の製造のほか，装飾用コーティング，殺菌用など，今後幅広く拡大されるであろう。

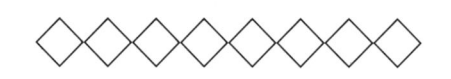

9 気体放電の基礎

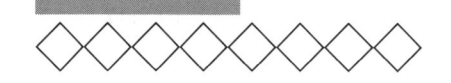

9.1 概　　　説

いま，ガラス管に二つの電極をとりつけ，管内を十分に真空に排気した後，数 Torr のガスを封入し，両電極に加える電圧を徐々にあげていくと，ついには管内に発光し，電流が流れる。このように，気体中に電流が流れ，発光する現象は，一般に気体放電と呼ばれる。この例では，低ガス圧中の気体放電であるが，大気中の放電現象や高気圧中の放電現象など，気体の種類，気体の圧力や印加する電圧の種類によって種々の放電の形態が存在する。

しかしながら，気体放電の種々の物理的な過程は，電子と原子・分子との衝突過程によるものであるため，気体放電の基礎的な考え方は共通している。そこで，本章では気体の基本的な性質を学び，電子・原子・分子間の衝突現象や移動・拡散といった荷電粒子の輸送現象を学ぶ。

9.2 気体分子運動論

9.2.1 気体の特性方程式

分子（molecule）がたがいに力を及ぼし合わないような理想気体を考えると，1 kg 分子のガス圧 p，体積 V，温度 T の間には以下のような**ボイル・シャルルの法則**（Boyle-Charles's law）が成立する。

$$pV = RT \tag{9.1}$$

R は**気体定数**（gas constant）であり，次式で与えられる。

$$R = 8.3145 \text{ J/K mol} \tag{9.2}$$

この式は，化学反応を取り扱う場合には便利であるが，個々の分子の運動を思い浮かべることは難しい．そこで，体積 V の代わりに，分子の密度で上式を表したほうが都合がよい．いま上式を変形すれば

$$p = \frac{R}{V}T = \frac{N}{V} \cdot \frac{R}{N}T \tag{9.3}$$

ここで N は体積 V 中の分子の総数である．いま，**分子密度**（molecular density）を n とすれば

$$n = \frac{N}{V} \tag{9.4}$$

式 (9.3) で R/N は，分子1個あたりの気体定数であり，これを k とおけば

$$k = \frac{R}{N} \tag{9.5}$$

k はボルツマン定数として知られ，N をアボガドロ定数としてつぎの値になる．

$$k = 1.38 \times 10^{-23} \text{ J/K} \tag{9.6}$$

式 (9.4)，(9.5) を式 (9.3) に代入すると

$$p = nkT \tag{9.7}$$

なる関係式が求められる．気体の温度 T やガス圧 p は測定しやすい物理量であるため，上式を利用して分子の密度を容易に計算することができる．

9.2.2 分子の速度分布関数と平均速度

外から重力などの外力が作用しない気体中においては，分子が他の分子に衝突してからつぎの衝突までは，直線運動を繰り返す．衝突したときに変化する速度や方向はまちまちであるため，それらの分布は全体としては無秩序な分布となる．このような**無秩序運動**（random motion）を**熱運動**（thermal motion）という．統計的手法を用いると，一見無秩序な運動をしている分子でも，その速度がある分布をもつ法則のもとに運動していることがわかる．すなわち，速度が v と $v+dv$ の間に入る分子の数を dn，分子の質量を m_g とすれば，dn/n がマックスウェルによりつぎのように求められた．

$$\frac{dn}{n} = \frac{4}{\sqrt{\pi}}\left(\frac{m_g}{2kT}\right)^{\frac{3}{2}} v^2 \exp\left(-\frac{m_g v^2}{2kT}\right) dv \equiv F(v)\, dv \tag{9.8}$$

9. 気体放電の基礎

関数 $F(v)$ は**速度分布関数**（velocity distribution function）と呼ばれ，このような分布状態を**マックスウェル分布則**（Maxwell's distribution law）という。そこで，速度 v を $(m_g/2kT)^{1/2}$ で正規化し，それを下記のように x とすれば

$$x = \sqrt{\frac{m_g}{2kT}}\, v \tag{9.9}$$

$$v = x\sqrt{\frac{2kT}{m_g}} \tag{9.10}$$

$$dv = \sqrt{\frac{2kT}{m_g}}\, dx \tag{9.11}$$

式 (9.9), (9.10), (9.11) を式 (9.8) に代入すれば

$$\frac{dn}{n} = \frac{4}{\sqrt{\pi}} x^2 \exp(-x^2)\, dx \equiv y\, dx \tag{9.12}$$

$$dn = ny\, dx, \quad y = \frac{4}{\sqrt{\pi}} x^2 \exp(-x^2) \tag{9.13}$$

となる。そこで式 (9.13) をグラフに書くと，**図 9.1** のようになる。

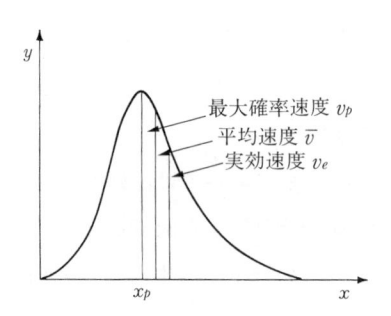

図 9.1 マックスウェルの速度分布

図で示されるように y は，x の増加とともに増加し，$x = x_p$ で最大値に達し，その後減少していくことがわかる。そこで $x = x_p$ に相当する速度 $v_p = x_p (2kT/m_g)^{1/2}$ を**最大確率速度**（most probable velocity）と呼ぶ。

速度分布関数を用いると，分子の速度やエネルギーの平均値を求めることができる。いま，分子の**平均速度**（mean velocity）$\bar{v}$ については

$$\bar{v} = \frac{1}{n}\int_0^n v\, dn = \frac{1}{n}\int_0^\infty v F(v)\, dv = \sqrt{\frac{8}{\pi}\frac{kT}{m_g}} \tag{9.14}$$

また，分子の運動エネルギー ε の平均 $\bar{\varepsilon}$ をとると

$$\bar{\varepsilon} = \overline{\frac{1}{2}m_g v^2} = \frac{1}{n}\int_0^n \left(\frac{1}{2}m_g v^2\right)dn = \frac{1}{2}m_g \frac{1}{n}\int_0^\infty v^2 F(v)\,dv = \frac{3}{2}kT \qquad (9.15)$$

このように，平均エネルギーは $(3/2kT)$ となることがわかる。また，上式の $\overline{v^2}$ の平方根の値 $\sqrt{\overline{v^2}}$ を v_e とすれば

$$v_e = \sqrt{\overline{v^2}} = \sqrt{\frac{3kT}{m_g}} \qquad (9.16)$$

この速度は熱運動の**実効速度**（root mean square velocity）と呼ばれる。

9.2.3 衝突断面積

分子の熱運動だけで問題が解決される場合は，分子は質点と考えればよい。ところが，分子相互の衝突や分子と電子など，種々の衝突過程を考えていく場合には，もはや，各分子は質点として考えるだけでは不十分で，それぞれの粒子の大きさまで考慮する必要がある。

放電の理論においては，電子，原子，分子，イオンなどの粒子はすべて球形として取り扱う。もちろん，実際の電子，原子，分子とも球形で表されるほど簡単な形状ではないが，球形として取り扱うことによって問題を非常に簡単にすることができ，衝突現象を理解しやすくなる。

いま，半径 r_1，r_2 の二つの粒子 A，B が図 9.2 に示すように衝突する場合を考えてみよう。粒子 A が，静止している粒子 B に衝突するためには，二つの粒子の中心間の距離が $(r_1 + r_2)$ より小さい場合に限られることがわかる。

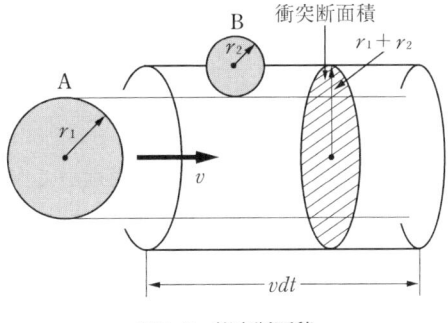

図 9.2　衝突断面積

そこで，粒子Bを質点に置き換えれば，衝突すべき粒子Aの半径は (r_1+r_2) に置き換えられる。

そこで半径 (r_1+r_2) の底面をもつ円筒を考えれば，粒子Aが進行していくときに，この円筒内に中心をもったすべての粒子Bに衝突するが，円筒外に中心をもつ粒子とは衝突を起こさない。そこでこの底面の面積を σ とすれば

$$\sigma = \pi(r_1+r_2)^2 \tag{9.17}$$

となり，σ を**衝突断面積**（collision cross section）と定義する。

ここで，A，Bとも同じ気体の分子であり，その半径を r_g とすれば，$r_1=r_2=r_g$ であるため，その衝突断面積 σ_g はつぎのようになる。

$$\sigma_g = 4\pi r_g^2 \tag{9.18}$$

Aが半径 r_e の電子，Bが半径 r_g の分子であるとすれば $r_e \ll r_g$ であるから，その衝突断面積 σ_e は，つぎのようになる。

$$\sigma_e = \pi r_g^2 \tag{9.19}$$

9.2.4 衝突頻度

いま，図9.3に示すように衝突断面積 σ なる粒子Aが速度 v で x 方向に運動していく場合，1秒間にどのくらい衝突するかについて考えてみよう。

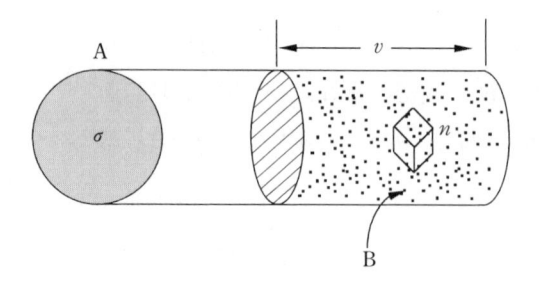

図9.3 衝突頻度

1秒間に進む距離は v であるから，粒子Aが通過して作り出す円筒の体積は σv で表される。一方，衝突される分子Bの密度を n とすれば，この体積内に存在して毎秒分子Aに衝突して散乱される分子の総数 ν は次式で表される

$$\nu = \sigma v n \tag{9.20}$$

ν は毎秒あたりの衝突回数という意味で**衝突頻度**（collision frequency）と定義される。

9.2.5 平均自由行程

いま，ある粒子が図 9.4 に示すようにつぎつぎにほかの粒子に衝突していく場合，衝突からつぎの衝突までの距離を**自由行程**（free path）という。

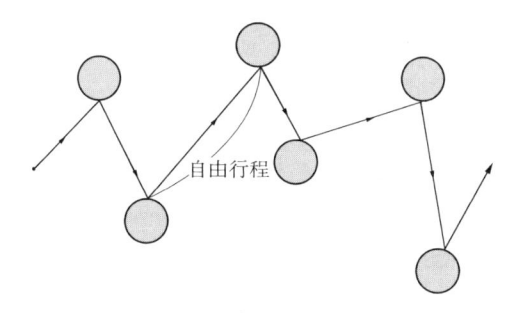

図 9.4 自由行程

一般には，それぞれの自由行程は衝突のつど変わるため，それらの平均をとって**平均自由行程**（mean free path）と名付けている。さて，図 9.3 に示すように，速度 v の粒子 A が静止している粒子 B 群の中を通り抜けていく場合，1 秒間に衝突する回数が ν 回であり，空間を進行する距離が v であるから，平均自由行程を λ とすれば，λ は衝突断面積 σ，気体分子密度 n とつぎの関係になることがわかる。

$$\lambda = \frac{v}{\nu} = \frac{v}{\sigma v n} = \frac{1}{\sigma n} \tag{9.21}$$

いま，粒子 A，B が同じ分子の場合，それぞれの分子は熱運動をしており，しかもその速度分布がマックスウェル分布と仮定すると，平均自由行程 λ_g は

$$\lambda_g = \frac{1}{\sqrt{2}\,\sigma n} = \frac{1}{4\sqrt{2}\,\pi r_g^2 n} \tag{9.22}$$

粒子 A が電子で粒子 B が分子である場合は，電子の速度は分子の速度に比べて非常に速いため，分子は静止しているとして取り扱ってよい。その結果，電子の平均自由行程 λ_e は

$$\lambda_e = \frac{1}{\sigma n} = \frac{1}{\pi r_g^2 n} \tag{9.23}$$

で与えられる。これら式（9.22）と式（9.23）を比較すると

$$\lambda_e = 4\sqrt{2}\,\lambda_g \tag{9.24}$$

となる。**表 9.1** には 760 Torr, 0 ℃における λ_g の値と気体分子の直径を示す。

表 9.1 諸気体の平均自由行程（760Torr, 0℃）と分子直径 ($2r_g$)

気体	$\lambda_g(10^{-6}\text{cm})$	$2r_g$ [Å]
He	17.65	2.18
Ne	12.52	2.59
Ar	6.30	3.64
Kr	4.84	4.16
Xe	3.56	4.85
H_2	11.10	2.74
空気	6.06	3.72
N_2	5.95	3.75
O_2	6.44	3.61
Cl_2	2.87	3.60
CO	5.84	3.20
CO_2	3.97	4.59
H_2O（蒸）	3.96	4.60
H_2S	3.75	—
HCl	4.21	4.46

この表から電子 λ_e を求めるとき
($\lambda_e = 4\sqrt{2}\,\lambda_e = 5.65\lambda_g$)

以上は弾性衝突のみを仮定したが，実際の電子と原子の衝突は，3.6.1 項で取り扱ったようにラムザウアー効果のため，実測値は計算値と異なってくる。

9.3 粒子の衝突過程

9.3.1 弾 性 衝 突

つぎに二つの粒子が衝突する場合，衝突の瞬間にどのようなエネルギーの授受があるかについて考えてみよう。**図 9.5** に示すように，いま，質量 m_1, 速度 v の粒子 A が，静止している質量 m_2 の粒子 B に正面衝突した場合につい

9.3 粒子の衝突過程

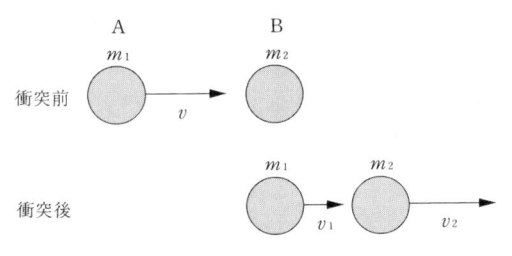

図9.5 分子間の衝突

て考える。

この場合，衝突の前後において，各粒子の内部エネルギーの変化はないものと仮定する。このような衝突を**弾性衝突**（elastic collision）という。

いま，衝突後，粒子 A の速度は v_1 に，粒子 B の速度は v_2 になるとすれば，衝突の前後において運動量の保存の法則とエネルギー保存の法則が成り立つから

$$m_1 v = m_1 v_1 + m_2 v_2 \quad \text{（運動量保存の法則）} \tag{9.25}$$

$$\frac{1}{2} m_1 v^2 = \frac{1}{2} m_1 v_1^2 + \frac{1}{2} m_2 v_2^2 \quad \text{（エネルギー保存の法則）} \tag{9.26}$$

この2式から，衝突後の速度 v_1，v_2 を求めれば

$$v_1 = \frac{m_1 - m_2}{m_1 + m_2} v, \quad v_2 = \frac{2 m_1}{m_1 + m_2} v \tag{9.27}$$

を得る。粒子 A，粒子 B ともに同じ分子であれば，$m_1 = m_2$ となり，衝突後の速度はそれぞれ $v_1 = 0$，$v_2 = v$ となり，衝突した分子 A が静止して，衝突された分子 B が速度 v で運動することになる。いわゆる**完全弾性衝突**（perfect elastic collision）である。

一方，粒子 A が電子で，粒子 B が分子である場合，$m_1 \ll m_2$ となり，$v_1 = -v$，$v_2 = 0$ すなわち，電子は分子に衝突して，反対方向へ同じ速度で跳ね返るのに対して，分子は静止したままほとんど動かない。

さて，つぎに，衝突の前後において，粒子のエネルギーがどのように変化するかについて考えてみよう。式（9.27）を用いれば，衝突の前後において粒子 A が失った運動エネルギー $\varDelta W_1$ を求めることができる。すなわち

$$\varDelta W_1 = \frac{1}{2}m_1 v^2 - \frac{1}{2}m_1 v_1^2 = \frac{4m_1 m_2}{(m_1+m_2)^2}W_1 \tag{9.28}$$

ここで，W_1 は粒子 A の衝突前の運動エネルギーであり

$$W_1 = \frac{1}{2}m_1 v^2 \tag{9.29}$$

そこで A，B とも同じ分子の場合には $m_1 = m_2$ を式 (9.28) に代入すれば

$$\varDelta W_1 = W_1 \tag{9.30}$$

となり，分子 A の運動エネルギーは，そっくり分子 B の運動エネルギーに伝達される。式 (9.28) は正面衝突の場合で，それ以外も含めて平均すると右辺の係数 4 は 2 となる。一方粒子 A が電子，粒子 B が分子の場合には $m_1 \ll m_2$ となり，係数を 2 として

$$\varDelta W_1 = \frac{2m_1}{m_2}W_1 \tag{9.31}$$

この $2m_1/m_2$ を弾性衝突における**衝突損失係数**（collision loss factor）という。すなわち，電子の運動エネルギーはほとんど失われない。分子 B に伝わる運動エネルギーは微弱である。

9.3.2 非弾性衝突

二つの粒子 A，B が衝突する場合，衝突した粒子 A の運動エネルギーの一部が衝突された粒子 B の運動エネルギー以外のエネルギー $\varDelta$ に変わるような衝突を**非弾性衝突**（inelastic collision）と呼んでいる。分子同士が衝突する場合には分子は熱エネルギーが非常に小さく非弾性衝突は起こらないが，電子は電界の存在で加速され，しかも衝突で失うエネルギーが低いのでエネルギーを増していく。その電子が分子に衝突する場合には，電子の運動エネルギーが分子の電離や励起などの非弾性衝突に使われることが可能になる。そこで式 (9.26) のエネルギー保存則は，右辺に $\varDelta$ が加わって次式となる。

$$\frac{1}{2}m_1 v^2 = \frac{1}{2}m_1 v_1^2 + \frac{1}{2}m_2 v_2^2 + \varDelta \tag{9.32}$$

すなわち，衝突電子のエネルギーは，分子の内部エネルギーの増加 $\varDelta$ にかなり消費される。そこで，式 (9.25) と式 (9.32) より，v_1, v_2 を求めれば

$$v_1 = \frac{m_1}{m_1+m_2}v - \frac{m_2}{m_1+m_2}R \tag{9.33}$$

$$v_2 = \frac{m_1}{m_1+m_2}v + \frac{m_1}{m_1+m_2}R \tag{9.34}$$

$$R = \sqrt{v^2 - 2\left(\frac{1}{m_1}+\frac{1}{m_2}\right)\varDelta} \tag{9.35}$$

上式より

$$\varDelta = \frac{v^2 - R^2}{2\left(\frac{1}{m_1}+\frac{1}{m_2}\right)} \tag{9.36}$$

となる。ここで $\varDelta$ が最大になるのは、R が零のときに相当する。その結果

$$\varDelta = \frac{m_1 m_2}{m_1+m_2}\cdot\frac{v^2}{2} = \left(\frac{m_2}{m_1+m_2}\right)\left(\frac{1}{2}mv^2\right) = \frac{m_2}{m_1+m_2}W_1 \tag{9.37}$$

さて、分子が同種の分子に衝突する場合には、$m_1 = m_2$ とおけば

$$\varDelta = \frac{1}{2}W_1 \tag{9.38}$$

となる。すなわち、衝突分子の運動エネルギーの半分だけがほかのエネルギーに変わることができる。一方、電子が分子と衝突する場合には $m_1 \ll m_2$ とおけば $\varDelta = W_1$、すなわち電子の運動エネルギー全部がほかのエネルギーに変換されることが可能となる。

9.4　電　　　　離

9.4.1　電　離　過　程

　分子内の電子は原子核の周囲を回っているが、そのうち、最外殻の軌道を回っている電子に外部からエネルギーが与えられると、ついには電子はその軌道から飛び出して自由電子となり、残された分子は正イオンとなる。この現象は**電離**（ionization）と呼ばれる。

　外部から与えられるエネルギーの種類によってつぎの三つの電離があげられる。電子の運動エネルギーによる場合を**衝突電離**（impact ionization）、光子のエネルギーによる場合を**光電離**（photo ionization）、高温分子の熱エネルギ

ーによる場合を**熱電離**(thermal ionization)と呼んでいる。

いま中性分子をM,電子をe,正イオンM^+,光のエネルギーを$h\nu$として,これらの現象を簡単な式で表せば,つぎのようになる。

$$M+e(高速) \rightarrow M^+ + e(低速) + e \quad (衝突電離)$$
$$M+h\nu \rightarrow M^+ + e \quad (光電離) \tag{9.39}$$
$$M+M \rightarrow M^+ + e + M \quad (熱電離)$$

しかし,エネルギーを与えさえすれば分子は簡単に電離するわけはなく,電子が原子核の束縛力から離脱するためには,それぞれの分子によって,電離するために必要な最低のエネルギーが必要である。このエネルギーを電子ボルト単位で表し,その電圧に相当する電圧を**電離電圧**(ionization potential)と呼んでいる。表9.2に種々の気体の電離電圧を示す。

表9.2 各種気体の電離電圧[11]

気体	電離電圧〔eV〕	気体	電離電圧〔eV〕
He	24.58	H_2	15.44 (H:13.54)
Ne	21.55	N_2	15.58 (N:14.51)
Ar	15.75	O_2	12.20 (O:13.57)
Kr	13.96	O_3	11.70
Xe	12.1	Cl_2	13.20 (Cl:13.01)
Li	5.39	H_2O	12.6
Na	5.14	CO	14.00
K	4.33	CO_2	13.7
Rb	4.18	NO	9.25
Cs	3.87	NO_2	12.3
Hg	10.42	HCl	12.84
		NCH_3	10.2

9.4.2 衝突電離

図9.6に示すように,電子が電界によって加速され,その運動エネルギーが電離電圧以上に達して分子に衝突すると,分子は電離する。気体放電現象を取り扱う場合,このような衝突電離作用が最も重要である。

それでは,電離エネルギーに達した電子が原子に衝突すれば必ず電離が起きるかというとそうではない。衝突は量子力学的な過程となるため,電離が起き

9.4 電離　131

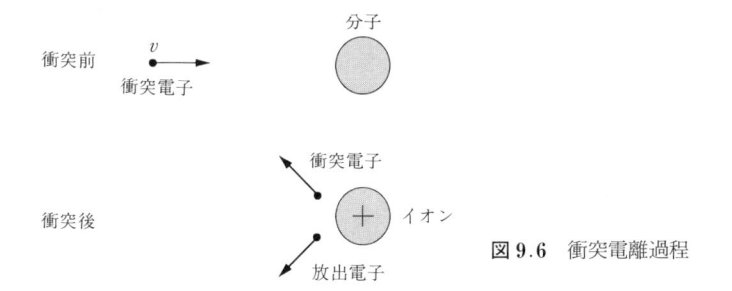

図9.6 衝突電離過程

るかどうかは確率の問題となる。そこで全衝突回数と電離回数の比を**電離確率**（ionization probability）と呼ぶ。**図9.7**に空気の電離確率を示す。

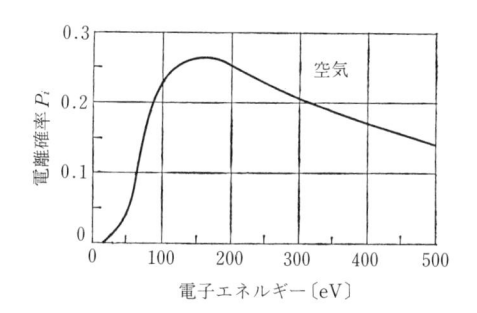

図9.7 空気の電離確率[5]

このように電離確率 P_i は電子のエネルギーが電離電圧に達すると立ち上がり，エネルギーの上昇とともに急激に上昇する。しかし，衝突する電子がある程度のエネルギーに達すると，衝突のとき分子と電子のエネルギー交換時間が減少するため，かえって電離確率は緩やかに減少する。

電離が発生するときも，弾性球の衝突断面積 σ_0 に対応して**電離断面積**（ionization cross section）σ_i として電離確率 P_i を用いてつぎの量を定義する。

$$\sigma_i = \sigma_0 P_i \tag{9.40}$$

このように，電離断面積は衝突断面積のうちの電離に寄与する分を面積で表したことになる。**図9.8**に種々の気体の電離断面積を示す。

いま，あるエネルギーを持った電子が，単位ガス圧（1 Torr）の中で，単位長進んだときに電離する回数を**電離能率**（ionization efficiency）として，電

132   9. 気体放電の基礎

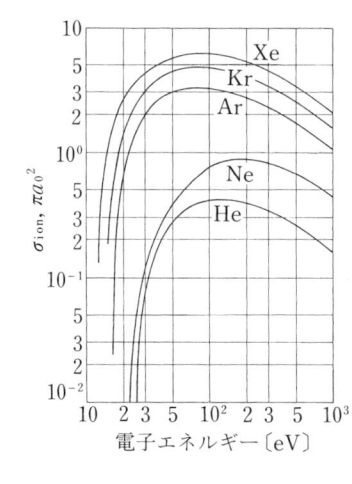

ボーア半径 a_0 は
水素原子の半径
$(5.29177 \times 10^{-11}\mathrm{m})$

図 9.8 各種気体の電離断面積[6]

離の目安にしている。電離能率を S_i とすれば，S_i は電子が単位長さ進むときに起こす全衝突回数 $1/\lambda$ (λ：平均自由行程) と電離確率とによって

$$S_i = \frac{1}{\lambda} \cdot P_i \tag{9.41}$$

で表すことができる。ここで，λ は式 (9.21) の関係において $\sigma = \sigma_0$ と置き換えれば $\lambda = 1/\sigma_0 n$ の関係が得られるので，この関係を用いれば式 (9.41) は

$$S_i = n\sigma_0 \cdot P_i = n\sigma_i = Q_i \tag{9.42}$$

を得る。ここで Q_i は単位体積あたりに存在する全分子の**全電離断面積** (total ionization cross section) である。上式より，数値的には電離能率は全電離断

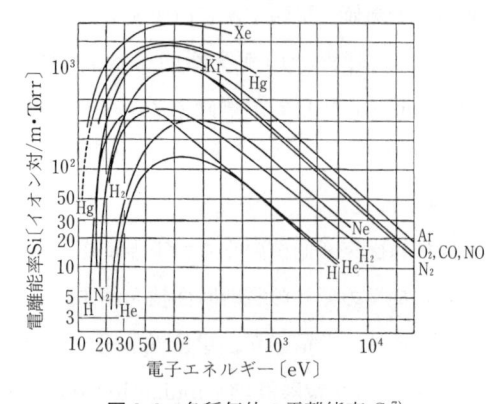

図 9.9 各種気体の電離能率 S_i[7]

9.4 電離

面積と同じ値となることがわかる。**図 9.9** に種々の気体の電離能率の測定値を示す。電子のエネルギーに対する依存性は電離確率と同じになる。

電離電圧以上の電子の数はエネルギーの増加とともに急激に少なくなるため，通常の電離を考える場合，電離電圧よりわずかに高い程度のエネルギーを持った電子を対象にすれば十分である。その程度のエネルギーの範囲では，電離能率曲線はエネルギーとともに直線的に増加していくため，電離能率曲線をつぎのように直線近似する。

$$S_i = ap(V - V_i) \tag{9.43}$$

ここで V は単位を V で表したとき，S_i はイオン対/m となる。ここで，a は**電離能率曲線の初期勾配**（initial gradient of ionization efficiency curve）と呼ばれ，イオン対/m・Torr の単位となる。代表的気体に対する a の値を**表 9.3** に示す。つぎに放電管の内部の電子の運動について考えると，**図 9.10** に示すように放電中においては電界中を熱運動をしながら電界方向に流れていくことになる。

表 9.3 電離能率曲線の初期勾配 a

気体	$a(\times 10^{-2})$
He	4.6
Ne	5.6
Ar	71
Hg	83
H_2	21
N_2	26
O_2	24
空気	26
Na	45
Cs	280

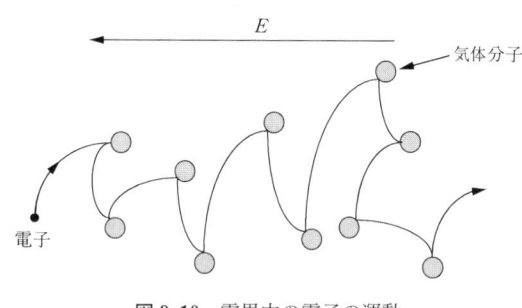

図 9.10 電界中の電子の運動

そこで電子が電界方向に単位長さ進行した場合に電離する回数をとって**衝突電離係数**（coefficient of ionization by collision）と定義し α で表す。また，この作用のことを **α 作用**（α-process）と呼ぶ。α の値は，気体の圧力 p，電界 E の関数となることがわかっており，タウンゼントによってつぎの実験式

が提唱され,広く使用されている.

$$\frac{\alpha}{p} = A \exp\left(-\frac{B}{E/p}\right) \tag{9.44}$$

A, B は気体によって決まる係数である.

表9.4には,各気体に対する A, B の値と E/p の適用範囲を示す.また,図9.11に各種気体の衝突電離係数 ($E/p - \alpha/p$) 特性のグラフを示す.

表9.4 係数 A, B と E/p の適用範囲[11]

気体	A[cm^{-1}]	B[V/cm・Torr]	E/p適用範囲
空気	14.6	365	150-600
N_2	12.4	342	150-600
H_2	5.0	130	150-600
Ar	13.6	235	100-600
He	2.8	34	20-15

(E/p の単位を[V/cm・Torr]としたときの値)

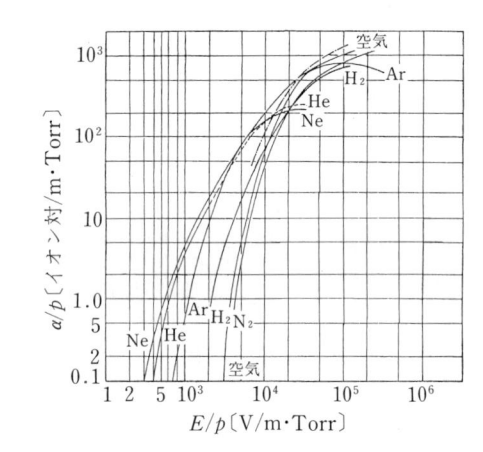

図9.11 各種気体の衝突電離係数

9.4.3 光 電 離

光子が原子,分子に衝突して電離することも可能である.この現象を光電離と呼ぶ.光のエネルギー $h\nu$ が電離エネルギー eV_i より大きければ光電離が可能である.すなわち

$$h\nu \geq eV_i \tag{9.45}$$

光の波長をλ，光速度をcとすれば，振動数νは$\nu=c/\lambda$の関係があり，式(9.45)は

$$\lambda \leq \frac{hc}{eV_i} \tag{9.46}$$

例えば，電離エネルギーとして原子の中で最小の電離エネルギーを持つセシウム（Cs）の場合，$eV_i=3.894$ eV を代入すれば，$\lambda \leq 318.4$ nm となる。したがって，ほかの原子ではこれより短い波長の紫外線で初めて光電離が可能となる。

9.4.4　熱　電　離

大気中の炎やアーク放電でみられるように気体の温度が非常に高くなると，中性分子同士が相互に衝突して電離を起こすことが知られている。この現象を熱電離と呼ぶ。

熱電離によって生成されたイオンと電子は再結合によってもとに戻ることが可能である。いま，熱電離を生じる電子，正イオンの密度をn_e，n_+，中性分子の密度をn_g，気体の温度をT_g〔K〕とするとき，次の関係式が成立する。

$$\frac{n_e n_+}{n_g} = 2.4 \times 10^{15} T_g^{\frac{3}{2}} e^{-\frac{eV_i}{kT_g}} \tag{9.47}$$

この関係式を**サハの式**（Saha's equation）という。

9.5　励　　　起

9.5.1　励　起　過　程

原子内において，電子は原子核の周りを円運動をして回っているが，その細かく分かれたそれぞれの軌道には，量子数で定められたパウリの排他律で1個の電子しか入れない。電子のとり得るエネルギーは特定の値のみ許される。この値を電子のエネルギー準位という。通常電子は最低のエネルギーの値をとるため，最外殻軌道を回る電子も最低のエネルギー準位にある。このようなエネルギー準位を**基底状態**（ground state）と呼ぶ。

いま，このような基底状態にある原子に外部より電子が衝突した場合を考えよう。原子内の電子が受けたエネルギーがつぎに許されるエネルギー準位の**励起準位**（excited level）より大きければ，その準位に上がることが可能である。この現象を**励起**（excitation）と呼び，基底状態よりエネルギーの高い状態を**励起状態**（excited state）と呼ぶ。励起に必要なエネルギーを eV 単位で表し，その電圧に相当する値を**励起電圧**（exciting voltage）と呼ぶ。

電子が分子に衝突したときに，励起を生じるかどうかは，電離の場合と同様に確率の問題となる。そこで，全衝突回数とある準位への励起回数との比を**励起確率**（excitation probability）という。励起では，種々のエネルギー準位への励起が考えられるので，それらの励起確率の和を**全励起確率**（total excitation probability）という。また，電離の場合と同じように**励起断面積**（excitation cross section）σ_{ex} を励起確率 P_{ex} を用いて

$$\sigma_{ex} = \sigma_0 P_{ex} \tag{9.48}$$

と定義すれば，**全励起断面積**（total excitation cross section）σ_{exT} は

$$\sigma_{exT} = \sum \sigma_{ex} \tag{9.49}$$

で表される。その結果，単位体積あたりの全励起断面積 Q_{ex} は

$$Q_{ex} = n \sigma_{exT} \tag{9.50}$$

で与えられる。**図 9.12** に He について 2^3S, 2^1S 各準位への励起断面積を示す。

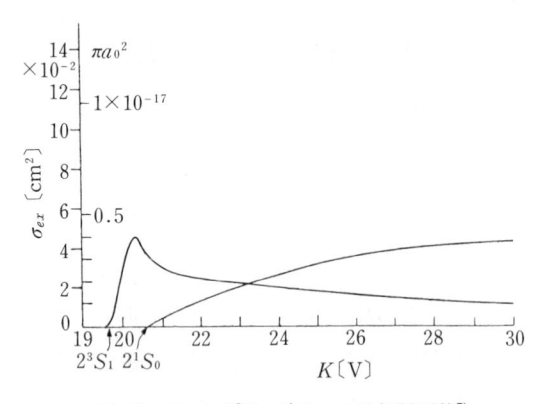

図9.12 He の 2^3S, 2^1S への励起断面積[7]

励起状態はきわめて不安定な状態であり，10^{-8} s 程度のきわめて短い時間に低い準位へ移行する。このときそのレベル間のポテンシャルエネルギー差は，光のエネルギーとなって外部に放射される。いま，電子励起準位のエネルギーを V_{eA} として，移行した後の励起準位のエネルギーを V_{eB} とすれば，放射される光の波長 ν_{AB} はつぎのようになる。

$$e(V_{eA}-V_{eB})=h\nu_{AB} \tag{9.51}$$

図 9.13 に水素の励起エネルギーとスペクトルを示す。いま電離エネルギーを eV_i，励起エネルギーを eV_{ex} とすれば，励起状態の原子に電子が衝突すれば，電離に必要なエネルギーは $e(V_i-V_{ex})$ となり直接電離に必要なエネルギーに比べて少ないエネルギーで済むことになる。しかしながら，励起状態にいる時間が非常に短いため，励起状態の原子に衝突するのは非常に小さい確率となる。

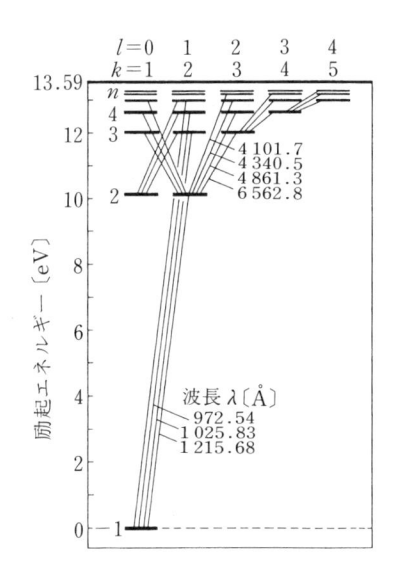

図 9.13 水素の励起エネルギーとスペクトル[1]

9.5.2 準安定状態

前項で述べたように電子が励起状態にとどまることができるのは非常に短い時間であるが，図 9.14 に示すように励起状態の中には $10^{-2} \sim 10^{-3}$ s 程度の比較的長い時間とどまることのできる準位が存在する。このようなエネルギー状

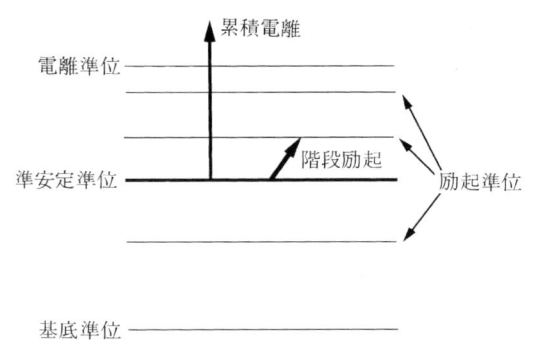

図 9.14 階段励起・累積電離

態を**準安定準位**（metastable state level）と呼ぶ．

その理由は，準安定状態からほかの励起状態や基底状態へ遷移することが量子力学的に禁止されるため，準安定状態にある原子は，ほかの分子や器壁に衝突することによってエネルギーを失い，基底状態に戻る．

いま準安定状態の原子 M^* に電子が衝突した場合を考えよう．準安定状態のエネルギーを eV_m とすれば，準安定状態より電離するためには $(eV_i - eV_m)$ のエネルギーで済むことになり，直接電離するエネルギー eV_i に比べて eV_m だけ小さくて済む．しかも準安定原子の寿命が長いこともあって，準安定準位からの電離は非常に起きやすい過程であり，このような過程を**累積電離**（cumulative ionization）と呼び，次式で表される．

$$M^* + e(高速) \rightarrow M^+ + e + e(低速) \tag{9.52}$$

同様に準安定状態からより高いエネルギー準位状態 M' への励起も考えられる．このような過程を**階段励起**（stepwised excitation）と呼ぶ．このとき，励起された原子が光を放射して，ほかの準位に移行し次式となる．

$$M^* + e \rightarrow M' + e \rightarrow M + h\nu + e \tag{9.53}$$

また，つぎのように準安定原子同士が衝突して $2V_m > V_i$ であれば，つぎに示す電離が可能となる．

$$M^* + M^* \rightarrow M^+ + M + e \tag{9.54}$$

9.5.3 ペニング効果

いま2種類の気体 A, B が存在し，気体分子 A の準安定準位のエネルギー V_{mA} が気体分子 B の電離電圧 V_{iB} よりも高い場合，A，B 二つの分子が衝突し，分子 A の準安定準位のエネルギーを使って，分子 B を電離することが可能である．次式にその状態を示す．

$$A^* + B \rightarrow A + B^+ + e \tag{9.55}$$

このように一般に，準安定原子のエネルギーでほかの分子を電離する作用を**ペニング効果**（Penning effect）と呼んでいる．例えばネオンの準安定原子でアルゴンを電離したり，アルゴンの準安定原子で水銀を電離する例が考えられる．それらの関係式を次式で示す．

$$\underset{(V_m=16.6)}{Ne^*} + \underset{(V_i=15.75)}{Ar} \rightarrow Ne + Ar^+ + e \tag{9.56}$$

$$\underset{(V_m=11.5)}{Ar^*} + \underset{(V_i=10.44)}{Hg} \rightarrow Ar + Hg + e \tag{9.57}$$

最初の例ではネオンの準安定準位が $V_m=16.6\,\mathrm{eV}$ であり，アルゴンの電離電圧 $V_i=15.75\,\mathrm{eV}$ を上回ることからネオンの準安定状態のエネルギーによってアルゴンを電離することが可能となる．後者の例も同様で，**図 9.15** に示すようにアルゴンの準安定準位 $V_m=11.5\,\mathrm{eV}$ が水銀の電離電圧 $V_i=10.44\,\mathrm{eV}$ より上回ることからペニング効果による電離が可能となる．後者の例は蛍光灯の点灯に使用されている．

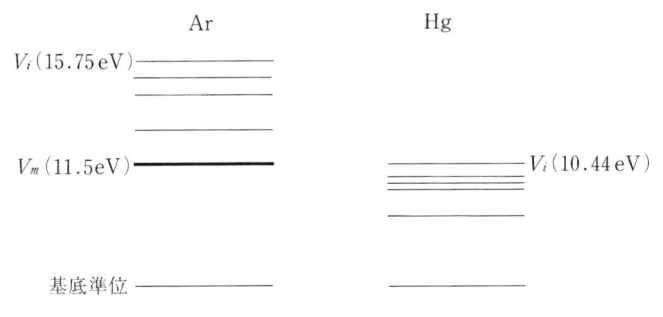

図 9.15 ペニング効果

9.6 再結合と付着

9.6.1 再結合

電子と正イオンあるいは正・負イオンが衝突して，もとの中性分子に戻る現象を**再結合**（recombination）と呼んでいる。荷電粒子が器壁の表面で再結合する過程を**表面再結合**（surface recombination），また空間で再結合する過程を**空間再結合**（volume recombination）と呼んでいる。また，再結合するとき，余ったエネルギーを光エネルギーとして放射する形の再結合を**放射再結合**（radiative recombination）という。

He_2^+，Ne_2^+ で表されるような分子状のイオンに電子が衝突した場合，一度，分子状イオンが再結合し同時に原子に解離する過程があり，この形の再結合を**解離再結合**（dissociative recombination）という。

いま，空間再結合について考えてみよう。電子密度 n_e とイオン密度 n_+ とすれば，再結合によってこれらの荷電粒子が減少していく割合は，これらの密度のそれぞれに比例することから

$$\frac{dn_e}{dt} = \frac{dn_+}{dt} = -\alpha n_+ n_e \tag{9.58}$$

これらの荷電粒子の密度が等しければ $n_e = n_+ = n$ と置いて

$$\frac{dn}{dt} = -\alpha n^2 \tag{9.59}$$

となる。ここで α は**再結合係数**（recombination coefficient）と呼ばれる。負の符号が付くのは，再結合によって荷電粒子が時間とともに失われて減少していくことによる。この式を整理すれば

$$\frac{1}{n^2} dn = -\alpha dt \tag{9.60}$$

そこで，$t=0$ のときの n を $n=n_0$ として積分すれば

$$\int_{n_0}^{n} \frac{1}{n^2} dn = \int_{t=0}^{t} (-\alpha) dt$$

$$\frac{1}{n} = \frac{1}{n_0} + at \tag{9.61}$$

そこで，図 9.16 のように，この $1/n$ を t の関数として整理すれば，$1/n$ は t に関して直線となる。a はその傾きより求めることができる。

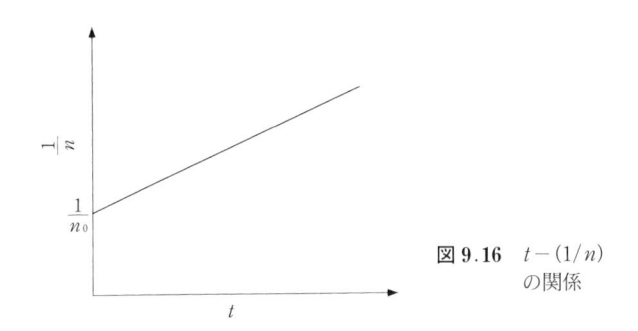

図 9.16　$t - (1/n)$ の関係

9.6.2　付　　　着

電子が中性気体原子に衝突したとき，原子の表面に結び付いて負イオンを形成する現象を**付着**（attachment）という。負イオンは正イオンと再結合を起こし，中性原子に戻る。そのため電離による電子の発生作用とは逆に，電子を消滅させる作用として働く。

電子が分子と衝突したときに付着を起こす確率を h とする。いま，放電空間の単位体積あたりの電子密度を n_e，電子の熱運動速度を v_e，電子の平均自由行程を λ_e とすれば，この空間の単位体積内で起こる毎秒の全衝突回数は $(v_e/\lambda_e)n_e$ 回となる。そこで，そのうちの h 倍が付着して消滅すると考えると

$$\frac{dn_e}{dt} = -h\frac{v_e}{\lambda_e}n_e \tag{9.62}$$

を得る。これを時間で積分して，$t=0$ で $n_e = n_{e0}$ とすれば

$$n_e = n_{e0} e^{-h\frac{v_e}{\lambda_e}t} \tag{9.63}$$

そこで，**付着確率**（attachment probability）h は

$$h\frac{v_e}{\lambda_e} = \beta \tag{9.64}$$

とおける。β は 1 個の電子が 1 秒間に付着を起こす確率を表すことになる。こ

の係数を**付着係数**（attachment coefficient）と呼ぶ。**表 9.5** には種々の気体に対する付着確率を示す。この表からもわかるように，分子構造の中に酸素原子 O を含むガスは付着を起こしやすい。電子が付着を起こしやすいガスを，**電気負性ガス**（electronegative gas）という。このうち SF_6 は特に付着を起こしやすいため，ガス遮断器の媒質として使用されている。

表 9.5　0.1eV 電子の付着確率 h

気体	h
不活性ガス	$<10^{-9}$
N_2, H_2	$<10^{-9}$
CO	6×10^{-9}
CO_2	1×10^{-6}
N_2O	1.6×10^{-6}
O_2	2.5×10^{-5}
H_2O	2.5×10^{-5}
Cl_2	5×10^{-4}

9.7　移　動　度

図 9.17 に示すように放電中においては，電子やイオンなどの荷電粒子は自ら熱運動をしながら同時に電界によって絶えず加速を受ける。

一方において，これらの荷電粒子は気体分子とつぎつぎに衝突を繰り返して，そのエネルギーを失うことになる。そのため，電界から得るエネルギーと

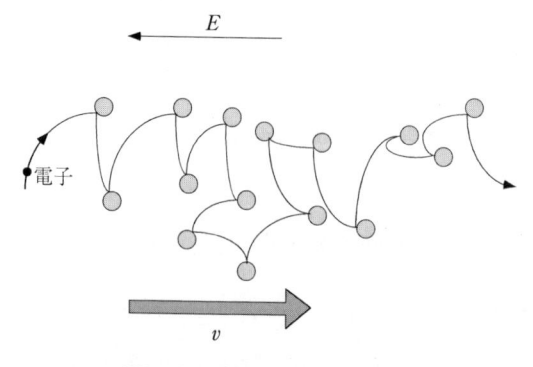

図 9.17　電子の電界中での移動

衝突によって失うエネルギーが平衡することになって定常速度に達する。いまその定常速度を v_d とすれば，電界 E が強いほど v_d は大きくなり

$$v_d = \mu E \tag{9.65}$$

と表される。v_d を**移動速度**（drift velocity），μ を**移動度**（mobility）と呼ぶ。この移動度を初歩的な運動方程式を用いて求めてみよう。いま，荷電粒子の質量を m とすれば，電界より得る力 eE は，1秒間あたり ν 回分子に衝突したときの失われる運動量 $mv_d\nu$ に平衡する。したがって

$$eE = mv_d\nu \tag{9.66}$$

が成立する。そこで，熱運動速度を v，平均自由行程 λ を用いれば

$$v_d = \frac{eE}{m\nu} = \frac{e}{m}\frac{E}{\frac{v}{\lambda}} = \frac{e\lambda}{mv}E \tag{9.67}$$

したがって，式 (9.65)，(9.67) を比較すれば，次式を得る。

$$\mu = \frac{e\lambda}{mv} \tag{9.68}$$

ランジュバン（P. Langevin）は，衝突現象を厳密に解析し

$$\mu = 0.75\frac{e\lambda}{mv}\sqrt{1+\frac{m}{m_g}} \tag{9.69}$$

を得た。この式は**ランジュバンの式**（Langevin's equation）と呼ばれる。こ

表9.6　1atm，0°Cにおけるイオンの移動度〔cm/s /V/cm〕

気体	$\mu-$	$\mu+$
空気	2.11	1.32
H_2	8.15	5.92
O_2	1.84	1.32
N_2	1.84	1.28
He	6.32	5.14
Ar	1.71	1.32
Ne	—	9.87
Cl_2	0.74	0.74
SO_2	0.407	0.407
NH_3	0.658	0.565

こで，m，v，λ は荷電粒子に関する量であり，電子に対しては m_e，v_e，λ_e，イオンに対しては m_+，v_+，λ_+ となる。また m_g は気体分子の質量である。電子の移動度は $m_e \ll m_g$ を考慮すれば

$$\mu_e = 0.75 \frac{e\lambda_e}{m_e v_e} \tag{9.70}$$

イオンの移動度は $m_+ = m_g$ を考慮すれば

$$\mu_+ = \frac{e\lambda_+}{m_+ v_+} \tag{9.71}$$

表 9.6 に各種イオンの移動度を示す。

9.8 拡 散

煙突の煙は空に向かって高くあがるに従って広がっていく。このように密度の高いところにある粒子は，密度の低いところに流れていく性質があり，この現象を**拡散**（diffusion）と呼んでいる，拡散の生じるおもな原因は，分子自身の熱運動による。放電管内には電子やイオンなどの荷電粒子が多数あるが，これらの粒子の密度は通常中心で最大となり，周囲にいくにしたがって小さくなる。そのため，中心より管壁に向かって拡散現象が生じている。放電現象を取り扱う場合，拡散現象は荷電粒子の消滅過程として，大変重要である。

いま，**図 9.18** のように，気体分子が x 軸方向に沿って密度が減少していく場合を頭に思い浮かべてみよう。

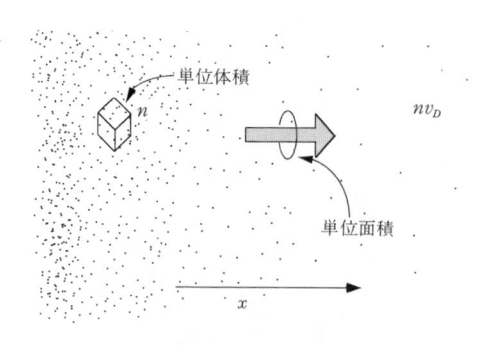

図 9.18 密度の分布

いま，x 方向に垂直に単位断面をとらえて，そこを通って毎秒流れていく流れの量 Φ は

$$\Phi = nv_D \tag{9.72}$$

で表すことができる。n は密度，v_D は**拡散速度**（diffusion velocity）である。この量は，密度の勾配 dn/dx に反比例することから

$$nv_D = -D\frac{dn}{dx} \tag{9.73}$$

と書ける。ここで，右辺に－がついているのは x 方向に密度が減少していき dn/dx が負のときに，粒子の流れは x 方向であることによる。D は**拡散係数**（diffusion coefficient）と呼ばれる。上式より次式が導かれる。

$$v_D = -D\frac{1}{n}\frac{dn}{dx} \tag{9.74}$$

ここで，D は，分子の熱運動論より次式となることが知られている。

$$D = \frac{\lambda v}{3} \tag{9.75}$$

ここで，λ は n に反比例するため，D も同様に n に反比例する。そのため，密度が低いときほど拡散現象は著しい。**表 9.7** に気体分子の拡散係数を示す。電子，イオンの拡散係数をそれぞれ D_e，D_+ とすれば

表 9.7 気体分子の拡散係数〔0°C〕[11]

気体	$pD\,(\mathrm{cm^2 s^{-1} Torr})$
He	536
Ne	170
Ar	60.7
Kr	32.2
Xe	19.0
空気	68.5
H_2	480
N_2	68.3
O_2	69.2
CO_2	37.0

$$D_e = \frac{1}{3}\lambda_e v_e \tag{9.76}$$

$$D_+ = \frac{1}{3}\lambda_+ v_+ \tag{9.77}$$

ここで，λ_e，λ_+ は電子，イオンの平均自由行程，v_e，v_+ は電子，イオンの熱運動速度である．拡散係数 D と移動度 μ との間には，つぎのような関係が成り立っている．

$$\frac{\mu}{D} = \frac{e}{kT} \tag{9.78}$$

これを**アインシュタインの関係式**（Einstein's relation）といい，電子，イオンのそれぞれに対して次式が成り立つ．

$$\frac{\mu_e}{D_e} = \frac{e}{kT_e} \tag{9.79}$$

$$\frac{\mu_+}{D_+} = \frac{e}{kT_+} \tag{9.80}$$

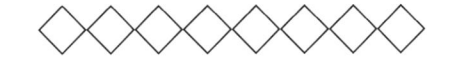

10 気体の絶縁破壊・コロナ放電

10.1 概　説

　空気中に平板電極を平行において，直流電圧を印加すると，残留している電子が加速されて分子を電離し，ついには空気も導電性を帯びてくる。このとき流れる微弱な電流は，発光を伴わないことから，暗流と呼ばれる。さらに電界を強めていくと，ついには火花が発生する。この状態が火花放電である。
　電極の形状が針や球であると，電極の近傍が局部的に絶縁破壊して発光する。この現象はコロナ放電と呼ばれる。この章では，これら気体の絶縁破壊の問題とコロナ放電について調べる。

10.2　放電の開始

10.2.1　暗　流

　気体中において放電が発生するためには，空間に電子が存在することが必要であるが，これらの電子は，空間において，絶えず発生と消滅を繰り返している。大気中においても，地球内に存在する放射性物質からの放射線や，宇宙から飛来する宇宙線によって空気が電離して電子が発生している。その数は，1 cm^3 あたり 4〜10 個/s であるといわれている。
　他方において，これらの発生した電子は，分子に付着して負イオンを形成し，正イオンと空間再結合をすることによって消滅していく。これらの発生と消滅が平衡した状態で，空気中の電子密度が決定されている。
　いま 1 cm^3 の空気中で発生するイオンの数を q [cm^{-3}s^{-1}] とし，この空間で

正・負イオンの密度を n [cm^{-3}] とすれば毎秒，再結合によって消滅する粒子の個数は，再結合係数 a によって an^2 と表される．これらの発生と消滅が定常状態では平衡するから

$$q = an^2 \tag{10.1}$$

したがって，次式を得る．

$$n = \sqrt{\frac{q}{a}} \tag{10.2}$$

さて，**図10.1**に示すように，この大気中に平行平板電極を設置し，その空隙の長さを l とする．電極の間に直流電圧 V を印加して電圧・電流特性をとると**図10.2**に示すようになる．

すなわち，電圧を零からあげていくと，電流がほぼ電圧に比例して上昇する領域 A，やがて電圧を上昇しても電流が一定の値で飽和する領域 B，さらに

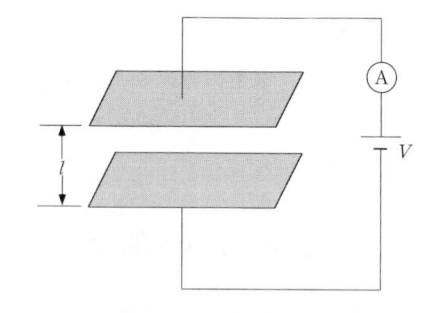

図10.1 平行平板電極

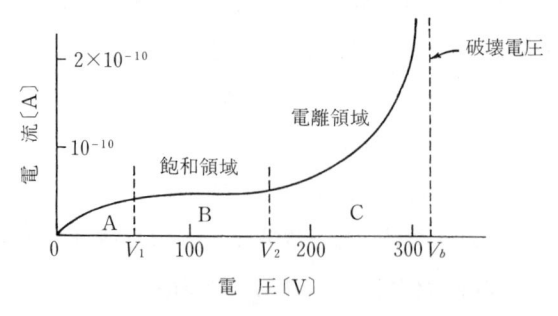

図10.2 暗流の電圧・電流特性

電圧を上昇させていくと、電流が急激に上昇する領域Cに分けることができる。この範囲の電圧・電流特性を示す領域では、空間に発光現象は観察されない。その意味で、このような過程を**暗流**（dark current）と呼んでいる。

いま、J_+、J_-を正・負イオンの電流密度、v_+、v_-を移動速度、μ_+、μ_-を移動度、n_+、n_-を密度およびEをこの空間の電界とすれば、領域Aにおいて、この空間に流れる電流は、正イオンによる電流密度$J_+ = ev_+n_+ = e\mu_+En_+$と、負イオンによる電流密度$J_- = ev_-n_- = e\mu_-En_-$の和で表されるので、全電流密度$J$は

$$J = J_+ + J_- = (n_+\mu_+ + n_-\mu_-)eE \tag{10.3}$$

ここで、$n_+ = n_- = n$と仮定すれば

$$J = (\mu_+ + \mu_-)enE = (\mu_+ + \mu_-)en\frac{V}{d} \tag{10.4}$$

となる。いま領域Aの範囲では、電界が非常に弱いため、この空間から拡散や再結合によって失われる粒子に比べて、電極に到達するイオンの数はきわめてわずかである。そのため、電界を上げていくと、電極に到達する荷電粒子の個数は電界に比例して増加し、電流も電界に比例することになる。

一方、電圧をさらに上昇していき、領域Bまで達すると、空間で発生したイオンは、拡散や再結合によって失われる前に、すべて電極に到達するようになる。その結果、毎秒電極に到達する全イオンの数は、毎秒発生するイオンの数を越えることはできない。その結果、陰極よりxにおける単位面積あたりの全電流密度Jは次式で与えられる。

$$J = eqx + eq(l-x) = eql \tag{10.5}$$

すなわち、この量はこの空間で毎秒発生するイオン数に相当し、これ以上のイオンは発生しない。そのため、領域Bではこれ以上の数のイオンは電極に到達し得ず、電流は飽和してしまう。

さらに領域Cに到達すると、電子が電界より得るエネルギーはさらに大きくなり、分子に衝突して電離を起こすようになる。いま、毎秒陰極から放出される電子の数をZ_0個とすれば、陽極の位置lに達するまでに電離によって発

生する電子の数は $Z_0\varepsilon^{al}$ 個となる。したがって電子電流 J_e は

$$J_e = eZ_0\varepsilon^{al} \tag{10.6}$$

ここで，a は E/p の関数で与えられるが，一般には電界が大きくなるに従って増加するため，陽極に達する電流は電圧とともに上昇する。

10.2.2 火花条件

陰極・陽極間に電圧を加えて，その電圧を少しずつあげていくと，ついには，電極間に火花が発生する。火花が観察される現象を**火花放電**（spark discharge）と呼んでいる。火花放電は過渡的な放電現象であって，定常的な放電であるグロー放電やアーク放電とは異なる。火花放電の電流密度は，暗流の $10^8 \sim 10^{10}$ 倍に達する。このような火花の発生する条件について考えてみよう。

いま，図 10.3 に示すように陰極の表面から単位面積あたり，Z_0 個の初期電子が放出されたとする。これらの電子が空間で正イオンをつくり，それらの正イオンが陰極をたたいて，γ 作用によって電子を再放出させるため，毎秒陰極

陰極			陽極
	初期電子数 Z_0	① 発生電子数 $Z_0\varepsilon^{al}$	
第1世代		発生イオン数 $Z_0(\varepsilon^{al}-1)$	
	衝突電離作用		
	2次電子放出数 $\gamma Z_0(\varepsilon^{al}-1)$	② 発生電子数 $\gamma Z_0(\varepsilon^{al}-1)\varepsilon^{al}$	
第2世代		発生イオン数 $\gamma Z_0(\varepsilon^{al}-1)^2$	
	2次電子放出作用		
第3世代	2次電子放出数 $\gamma^2 Z_0(\varepsilon^{al}-1)^2$	③ 発生電子数 $\gamma^2 Z_0(\varepsilon^{al}-1)^2\varepsilon^{al}$	
		発生イオン数 $\gamma^2 Z_0(\varepsilon^{al}-1)^3$	
		陽極に流れる全電子数 N_0	

$$N_0 = ① + ② + ③ + \cdots \text{式}(10.7)$$

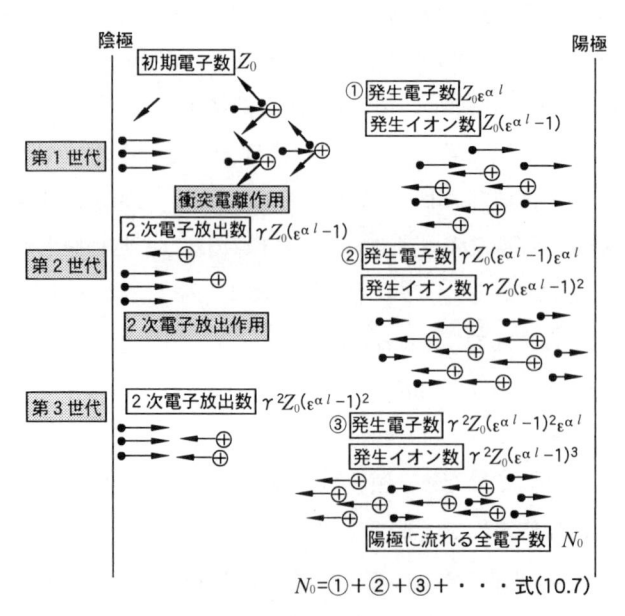

図 10.3　平行平板電極間の電子・イオンの発生

の表面から放出される電子の数は，この初期電子 Z_0 と γ 作用の分を加えたものとなる。

いま，陰極から初期電子 Z_0 個が放出されたとして，これが陽極に向かって電離増加する。電離係数を α とし，電極間隙を l とすれば，陽極に達する電子数は $Z_0 \varepsilon^{\alpha l}$ となる。電極間の空間には，陽極に入った電子から初期電子の数 Z_0 個少ない数のイオンが残る。その結果，イオンの数は $Z_0(\varepsilon^{\alpha l}-1)$ 個となる。これが陰極をたたいて，その γ 倍の2次電子を放出する。つぎに，その2次電子が再び加速され陽極に達する電子の数は $\gamma Z_0(\varepsilon^{\alpha l}-1)\varepsilon^{\alpha l}$ となり，空間には $\gamma Z_0(\varepsilon^{\alpha l}-1)^2$ のイオンが残る。このようなプロセスがつぎつぎに繰り返す。そのため，陽極に流れる電子の総数 N_0 はそれらの総和となる。

$$N_0 = Z_0 \varepsilon^{\alpha l} \{1 + \gamma(\varepsilon^{\alpha l}-1) + \gamma^2(\varepsilon^{\alpha l}-1)^2 + \gamma^3(\varepsilon^{\alpha l}-1)^3 + \cdots\cdots\} \qquad (10.7)$$

γ は小さい値で $\gamma(\varepsilon^{\alpha l}-1)<1$ なら，$\gamma(\varepsilon^{\alpha l}-1)$ を比とした等比級数であるから，次式を得る。

$$N_0 = \frac{Z_0 \varepsilon^{\alpha l}}{1-\gamma(\varepsilon^{\alpha l}-1)} \qquad (10.8)$$

したがって，陽極における全電流密度 J は

$$J = eN_0 \varepsilon^{\alpha l} = \frac{eZ_0 \varepsilon^{\alpha l}}{1-\gamma(\varepsilon^{\alpha l}-1)} \qquad (10.9)$$

として与えられる。

この式で，$J \to \infty$ となった場合，電流は電子増倍作用によって雪崩的に増加する。$J \to \infty$ となるためには，分母が零となればよいから

$$\gamma(\varepsilon^{\alpha l}-1) = 1 \qquad (10.10)$$

書き直せば

$$\alpha l = \ln\left(\frac{1}{\gamma}+1\right) \qquad (10.11)$$

この式を**タウンゼントの火花条件**（Townsend's sparking criterion）という。

この式の物理的な定義について考えてみよう。いま1個の電子が陰極より放出されれば，陽極に達するまでに $\varepsilon^{\alpha l}$ 個の電子に増倍されるが，イオンの数は1個少なく（$\varepsilon^{\alpha l}-1$），それが陰極にぶつかって γ 倍になったときに，その数

が1個以上となれば外部作用がなくても自らの力で放電を持続する。

その意味で，この式を放電の**自続条件**（self-maintaining condition）という。このように，火花放電は**自続放電**（self-maintaining discharge）である。これに対して暗流は**非自続放電**（non-self-maintaining discharge）である。

10.2.3　パッシェンの法則

平等電界において，火花放電が生じる電圧を，**火花電圧**（sparking voltage）と呼んでいる。火花電圧 V_s は，気体の温度が一定のもとでは，つぎのようにガス圧 p と間隙長 l の積 pl の関数になることをパッシェン（F. Paschen）が実験的に発見し，つぎの関係を導いた。

$$V_s = f(pl) \tag{10.12}$$

これを**パッシェンの法則**（Paschen's law）という。その実験値は**図10.4**に示すようになる。

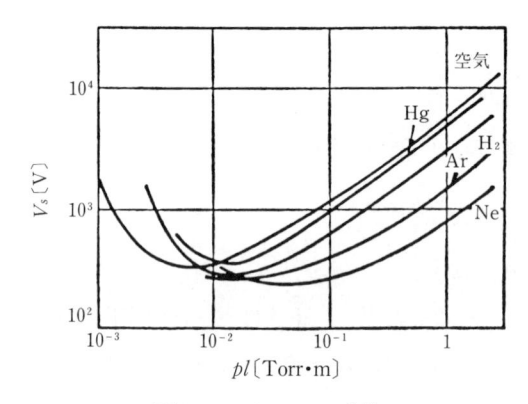

図10.4　パッシェン曲線

すなわち，間隙長 l を一定にするならば，ガス圧を低い方から上げていくと火花電圧 V_s は急激に減少し，最小値に達する。その後さらにガス圧を上げていくと，火花電圧は緩やかにほぼ直線的に増加する。この特性は l を変えても pl の積でプロットすると同一の特性曲線になる。このようなV字形曲線となることについて物理的に考察してみよう。

いま l が一定であれば pl が小さいほど，p を減少することになり，気体分

子密度が減少する。このことは電子が衝突する相手の分子の数が減少していき，衝突電離作用が減少していくことになる。

一方，pl が最小点より増加していった場合については，p の増加とともに気体分子の数が増加していき，平均自由行程が減少することから，電子が衝突してからつぎの衝突までに電界 E より得るエネルギーが減少する。

そのため，放電開始を起こすためには電界が強くならざるを得なくなり $E=V/l$ であることを考えれば，V も増加せざるを得ない。このようにすべての気体について火花電圧の最小値が存在するのは興味深い。

パッシェンの法則において，V_s の最小値を**パッシェンの最小火花電圧**（Paschen's minimum sparking voltage）と呼んでいる。**表 10.1** に種々の気体の最小火花電圧の値を示す。一般に**放電維持電圧**（discharge maintaining voltage）の曲線もパッシェンの法則に近い形を示す。

表 10.1 種々の気体の最小火花電圧[11]

気体	陰極	$(V_S)_M$	$(pl)_M$ [Torr・cm]
He	Fe	150	2.5
Ne	Fe	244	3
Ar	Fe	265	1.5
N_2	Fe	275	0.75
O_2	Fe	450	0.7
空気	Fe	330	0.57
H_2	Pt	295	1.25
CO_2	?	420	0.5
Hg	W	425	1.8
Hg	Fe	520	~ 2
Hg	Hg	330	?
Na	Fe?	335	0.04

放電管の維持電圧は低いほど，工学的に応用しやすいことから，この最小火花電圧に相当する pl を基準に放電管を設計することが多い。例えば，プラズマディスプレイのように l が非常に小さい装置では，p を数百 Torr 程度まで大きくして，最小火花電圧に近い pl を選択する試みが行われている。

10.3 コロナ放電

10.3.1 コロナ放電の種類

図 10.5 に示すように，空気中において平板電極の上方に針状の電極を配置し，その電極に直流電圧を印加してその値を徐々に上昇させていくと，針状電極の周辺に微かな発光が観測される。

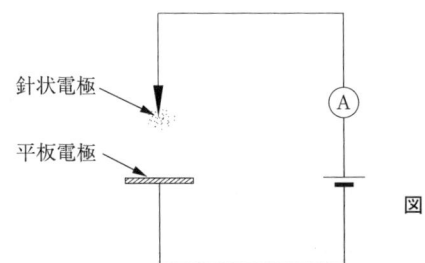

図 10.5　針状電極のコロナ発生

このとき電流計には微弱な電流が流れる。これは針状電極の周辺の電界が強くなり，この周辺に存在する残留電子が加速されて，空気中の酸素，窒素分子を電離し，空気の絶縁性の**局部破壊**（partial breakdown）を起こしたことになる。このような，針の周辺のみ強い電界が発生するような不平等電界中で部分的に自続放電が発生する現象を**コロナ放電**（corona discharge）と呼んでいる。

この例は針-平板電極間の例であるが，一般に，電極の周囲に不平等電界が発生すればコロナ放電が起きやすく，**図 10.6** に示すように球-平面，球-球，線-線，針-平面，同心円筒などの幾何学的配置が考えられる。

これらのうち，線-線，線-平面などのコロナ放電は，電気集塵機や電子複写機の荷電粒子の発生用に用いられる。さて，電極間で電界が一番強くなるのは電極表面であるから，コロナ放電は電極の表面に発生し，そこから進展していく。この場合，陰極の表面に現れるコロナを**陰極コロナ**（cathode corona），陽極表面に現れるコロナを**陽極コロナ**（anode corona）と呼んでいる。片側の電極の曲率が大きく，他方の電極の曲率が小さい場合は，曲率の大きい方にコロナが発生する。

10.3 コロナ放電

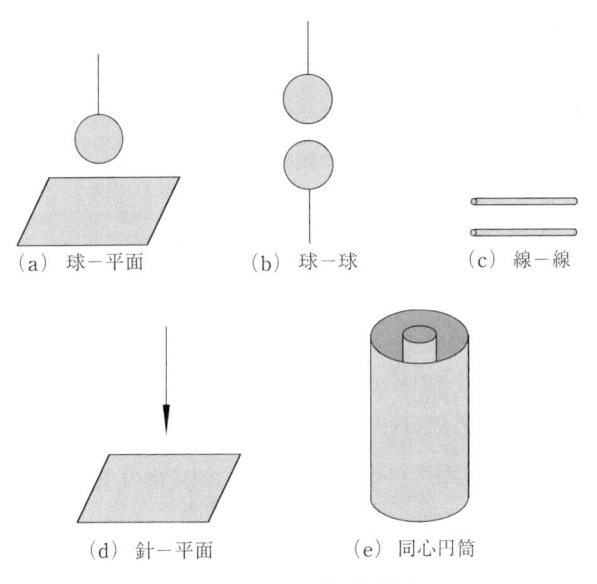

(a) 球－平面　　(b) 球－球　　(c) 線－線

(d) 針－平面　　(e) 同心円筒

図 10.6　コロナ放電の発生

例えば図 10.7 のように球 A-球 B の場合には，球 A を陽極とすれば球 A の表面上に陽極コロナが発生するし，また，球 A 電極を陰極にすれば陰極コロナが発生する。

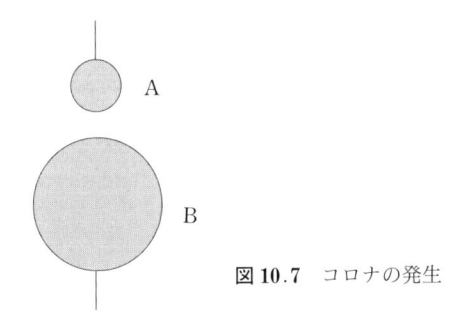

図 10.7　コロナの発生

10.3.2　陰極コロナ

陰極コロナは，陽極コロナに比べると形式が単純である。それは，コロナが陰極表面近傍に発生しているので，コロナ放電を維持するための陰極表面の γ 作用が放電自続の条件に単純に寄与していることによる。1気圧中の陰極コロナを観察すると，図 10.8 に示すように陰極の表面で発光する部分と，少し離

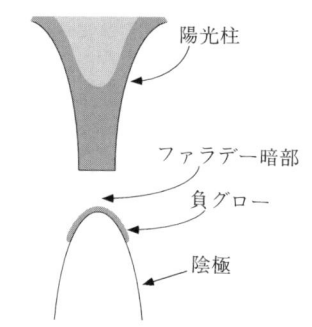

図 10.8 空気中の陰極コロナ

れて発光する部分が観察される。

陰極の近傍で発光する部分は，低圧グロー放電の負グロー（11 章参照）に相当し，少し離れて発光している部分は，陽光柱に相当する。これらの発光部の間はファラデー暗部に相当する。大気圧であるため陰極暗部長は非常に短くなり，ほとんど現れない。

10.3.3 陽極コロナ

陽極コロナは，陰極コロナに比べてその様子が複雑となるが，その発光状態から表 10.2 のように分類される。それらの発光形態を図 10.9 に示す。

膜状コロナ（filmy corona）は，陽極の表面に膜状に発光するコロナであ

表 10.2 陽極コロナ

膜状コロナ（filmy corona）	
線状コロナ（streamer corona）	ブラシコロナ（brush corona）
	払子コロナ（bridged streamer corona）

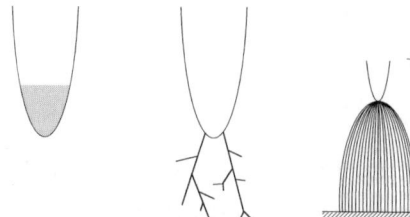

図 10.9 空気中の陽極コロナ

り，**線状コロナ**（streamer corona）は陽極の表面から，空間に細線状の光条群が発光して進展するコロナである。

このうちで**ブラシコロナ**（brush corona）は，電極から過渡的に光が進展し，ちょうどブラシの形状に似ていることから，この名称がよく使われている。また，**払子（ほっす）コロナ**（bridged streamer corona）は陽極から，同時に白糸の滝のように過渡的に発光し，それらがつぎの瞬間停止した後，再び過渡的に光条が進展する。お寺で使用する払子の形に似ていることから，わが国の放電現象の先駆者である本多侃士によって払子コロナという名が付けられた。

10.4 コロナ放電の応用

コロナ放電は，古くからガイガーカウンタや避雷針などに応用されてきたが，最近になってレーザの予備放電，オゾナイザ，静電粉体塗装，電子複写機，電気集塵器などに応用されてきた。ここでは，それらのうちで代表的な装置について解説する。

10.4.1 静電粉体塗装

静電粉体塗装とは，図10.10に示すように，塗装用の材料を微粒子の粉体に

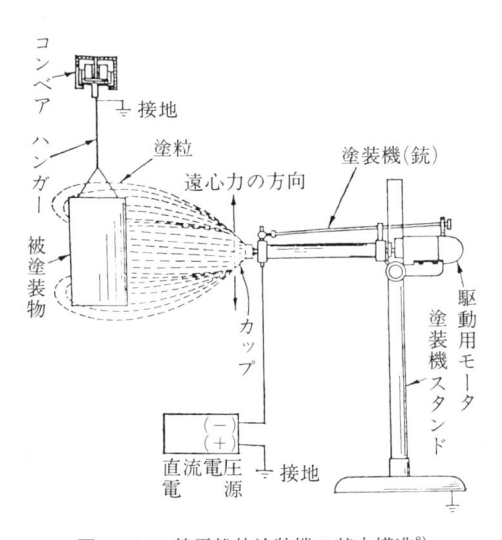

図10.10 静電粉体塗装機の基本構造[8]

して，空気と一緒に吹き付け用の銃から塗装される被塗物に向かって吹き付けるものである。

このとき，吹き付け用の銃の先端にはコロナ放電を発生する電極を配置し，この電極に高電圧を印加するとその周囲にコロナ放電が生成され，荷電粒子が発生する。その結果，粉体は荷電粒子の空間を通り抜けることになる。このとき，粉体粒子にはコロナ放電で発生したイオンが付着し，イオン化した状態で被塗物に流れていくことになる。この結果，接地している被塗物には，静電的に粉体が付着することになり，比較的均一な接着力の大きい膜が生成される。

10.4.2　電子複写機

最近，コロナ放電が最も多く使用されているのは電子複写機（電子コピー）である。図10.11に電子複写機の原理を示す。

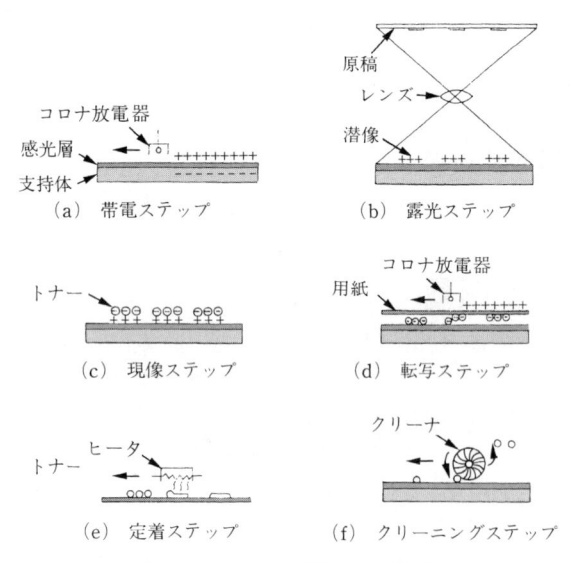

図 10.11　電子複写機の基本原理[8]

まず，帯電ステップ図（a）では，図のように感光層の上部にコロナ放電器が配置されており，それによって感光層の表面に，コロナ放電で発生した電荷がほぼ均一に帯電する。つぎの露光ステップ図（b）では，原稿に書かれている文字の濃淡は光の強弱に置き換えられてレンズを通して感光層に光信号と

10.4 コロナ放電の応用

なって到達する。

ここで，感光材においては，光の照射された部分は光導電効果によって導電性を帯びる。そのため，表面の電荷は内部にまで自由に通過することになり，反対側の負電荷と再結合することによって消失する。その結果，つぎの照射されなかった所だけが電荷が残り潜像となって残る。そこで，つぎの現像ステップ図（c）においてトナー（粉）をふりかけると，トナーは静電的なクーロン力のために，帯電しているところだけ付着する。

つぎに転写ステップ図（d）では，コロナ放電によって用紙の上側に，正電荷を帯電させると，感光層の表面に付着していたトナーは用紙の裏側に移動することにより転写される。そこで，つぎの定着ステップ図（e）では，用紙を加熱するとトナーが溶けて用紙に定着する。最後のクリーニングステップ図（f）では，転写のときに感光材の表面に残留していたトナーをクリーニングして完成する。

10.4.3 電気集塵装置

電気集塵装置とは，大気中においてコロナ放電より発生した荷電粒子を大気中のほこりや塵に付着させて帯電させ，これらの粒子を静電気力で集めて，それらを機械的に除去するものである。図10.12に，円筒形電気集塵装置の原理図を示す。

円筒の中心部には線状の放電電極が配置されており，周囲の円筒電極は接地

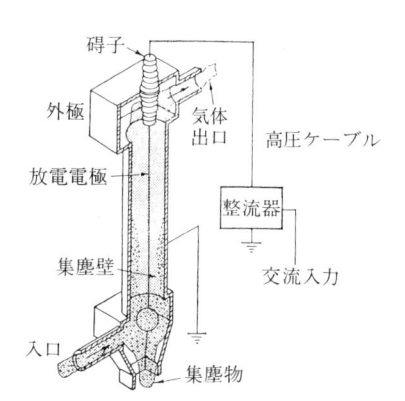

図10.12 円筒形電気集塵装置の原理図[8]

されている。放電電極には直流高電圧が印加されている。そのため電極間ではコロナ放電が発生し，入口より微粒子を含む気体が流れてくると，コロナ放電中の電荷が微粒子に付着し，帯電する。

以上はおもに工業的に使用されている方式であるが，家庭用のエアクリーナでは，荷電部と集塵部が別々に配置されている。

10.4.4 オゾナイザ

オゾンは化学記号が O_3 であり，酸化力がきわめて強く，水処理や，悪臭の除去，殺菌などに広く利用される。オゾンは極めて不安定な物質であるため，例えば空気中で1％含まれるオゾンの半減期は約16時間であるといわれている。オゾンの反応生成過程はつぎの経過をたどる。

$$O_2 \rightarrow O+O-118 \text{ kcal} \quad (吸熱) \tag{10.13}$$

$$O+O_2 \rightarrow O_3+25 \text{ kcal} \quad (発熱) \tag{10.14}$$

すなわち，酸素または空気に高電圧を印加すると，放電によって分子状 O_2 は原子状の酸素 O に解離する。この O と O_2 が反応してオゾン O_3 が発生する。したがって，先の二つの式より

$$3O_2 \rightarrow 2O_3 - 68 \text{ kcal}$$

すなわち，O_3 1 mol を発生させるために 34 kcal の熱量を必要とする。一般にオゾンをオゾナイザで発生させるためには電力を使用するため，単位電力（1 kWh）あたり，どのくらいの O_3 が発生されるかを**オゾン収率**（osone yield）と定義する。

$$オゾン収率 = 生成オゾン量/単位電力量 \tag{10.15}$$

上記の式をオゾン収率に換算をすれば，次式となる。

$$オゾン収率 = 1\,200 \text{ g/kWh} \tag{10.16}$$

図 10.13 にオゾナイザシステムの基本構成を示す。

このようにオゾナイザでは原料気体を送風機によってオゾナイザ本体に送りオゾンを発生させる。途中除湿器によって，水分を除去する。これは，水分が原料気体中に含まれるとオゾン収率が減少するためである。また多量に発生する熱は，冷却装置で冷却する。

10.4 コロナ放電の応用　　161

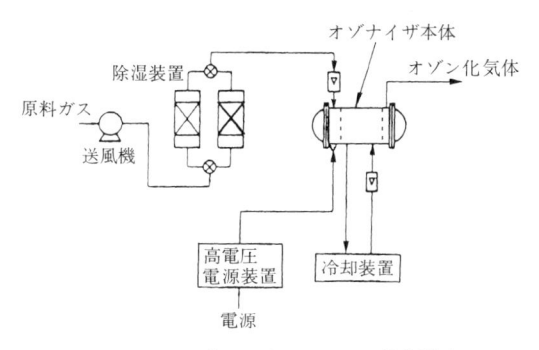

図 10.13 オゾナイザシステムの基本構成

放電部分の基本構造を**図 10.14** に示す．図（a）は誘電体が片側の電極の内側に，図（b）は誘電体が両側電極の内側に配置されている．

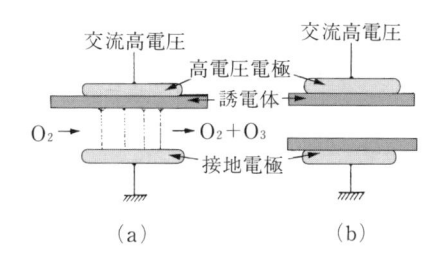

図 10.14 オゾナイザ放電部分の基本構造[9]

誘電体の特徴としては，比誘電率が高く，放電に対して強いことのほかに，熱的にも機械的にも強い材質が望まれる．一般に，鉛珪酸ガラス，アルミ珪酸ガラスなどのガラス類のほかに，ほうろう，磁器，マイカなどが使用される．誘電体の厚みは 1～3 mm 程度である．電極としてはステンレスが使用される．放電ギャップ長はオゾン収率などから考えて 1～3 mm ほどである．

オゾナイザによってオゾンを生成する場合，使用する気体の種類・圧力・放電ギャップなどによってオゾン収率が変わってくる．ここでは，それらの影響について調べよう．

図 10.15 には，種々の W/Q [W：放電電力，Q：気体流量] をパラメータとしたときの圧力 p とオゾン収率 η との関係を示す．また，**図 10.16** には，W/Q をパラメータとしたときの放電ギャップ長 d とオゾン収率との関係を示す．

10. 気体の絶縁破壊・コロナ放電

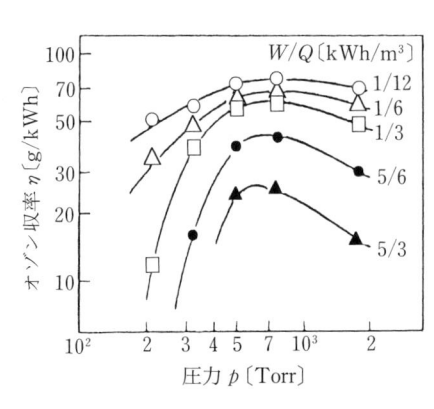

図 10.15 圧力とオゾン収率との関係[9]

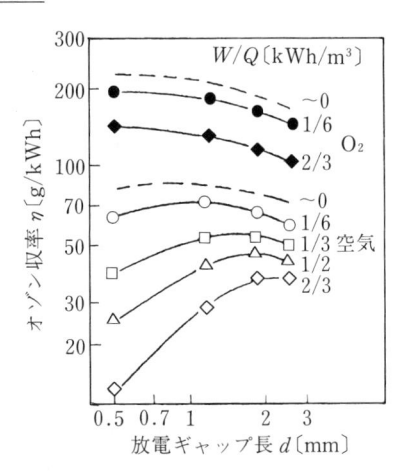

図 10.16 放電ギャップ長とオゾン収率との関係[9]

図で示すように，ガス圧に対しては最大値特性を示し，最大値以上ではガス圧の増加とともにオゾン収率は減少することがわかる。

11 グロー放電

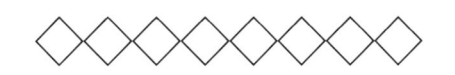

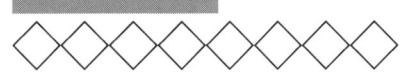

11.1 概説

　気体中の放電現象は，気体の圧力や電極間隔，電極の形状，放電電流などによって，種々の放電形式に分類することができる。気体の圧力が1気圧以上であれば高気圧放電，1気圧～数十Torr程度では中気圧放電，それ以下の圧力では低気圧放電である。ここで，低ガス圧放電において，数 Torr のガスを封入して，放電電圧を増加させていくと，最初電流がほとんど流れないが，あるとき発光とともに急激に電流が流れ始める。

　やがて，比較的安定な電流領域で発光を伴う放電状態に至る。この状態がグロー放電と呼ばれ，その発光状態を利用して，照明用や，ガスレーザなどに応用されている。ここでは，グロー放電の基本的特性について学ぶ。

11.2 グロー放電の形式

　図 11.1 に示すように，直径 1cm 程度のガラス管の内部を十分真空に排気し，数 Torr（1Torr＝1.33×10^2 Pa）のガスを封入し，陽極と陰極の間に直流

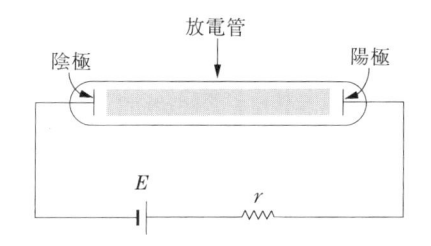

図 11.1　放電管の回路

11. グロー放電

電圧を印加して上昇していくと，管内は急に発光し電流が流れる。このときの発光色はガスの種類や圧力によって異なる。代表的な発光色を**表 11.1** に示す。このときの放電管の電圧・電流特性を**図 11.2** に示す。

表 11.1 放電管の発光色

気体	陰極グロー	負グロー	陽光柱
空気	ピンク	青	—
H_2	茶味赤	淡青	ピンク
N_2	ピンク	青	赤
O_2	赤	黄味白	中心部ピンクの淡黄
He	赤	緑	赤味すみれ
Ar	ピンク	暗青	暗赤
Ne	黄	オレンジ	れんが色
Kr	—	緑	—
Xe	—	オリーブ味青	—
Cl_2	—	黄味緑	白味緑
Li	赤	明赤	—
Na	ピンク味オレンジ	白	黄
K	緑	淡青	緑
Cs	ピンク	ミルク味青	黄味茶
Hg	緑	緑	緑
Ca	すみれ味青	すみれ味赤	—
Mg	—	緑	緑
Al	すみれ味青	すみれ味青	—
NO	—	青味白	—
NO_2	—	青味白	—
NH_3	—	黄味緑	—
H_2O	—	明青	バラ色
CO	—	—	白
CO_2	—	—	灰色

例：白味緑：白味がかった緑（Whitish-green）

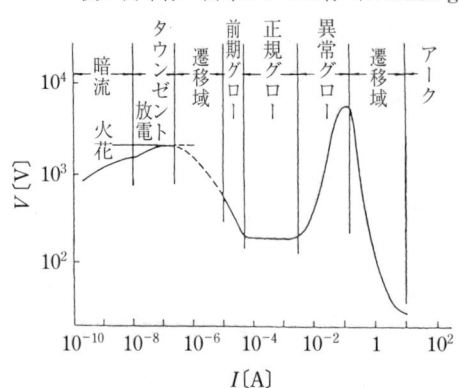

図 11.2 放電管の電圧・電流特性

11.2 グロー放電の形式

電極間電圧（放電維持電圧）は**放電開始電圧**（breakdown voltage）より少し減少し，およそ数百 V の定電圧特性を示す．この領域は**グロー放電領域**（glow discharge region）と呼ばれる．さらに抵抗 r を減らすと電流が急激に増加した後，再び減少し**アーク放電領域**（arc discharge region）となる．

グロー放電は負性抵抗性のために，抵抗がないと電流が増大してアーク放電となり，電極に過電流が流れついには電極を破損する．そのため，グロー放電には抵抗が必要であり，**保護抵抗**（protective resistance）と呼ばれている．また，グロー放電領域に前後して，放電開始からグロー放電までは**タウンゼント放電**（Townsend discharge）と呼ばれている．

グロー放電領域はさらに直流電流の値によって図に示すように**前期グロー**（subnormal glow），**正規グロー**（normal glow），**異常グロー**（abnormal

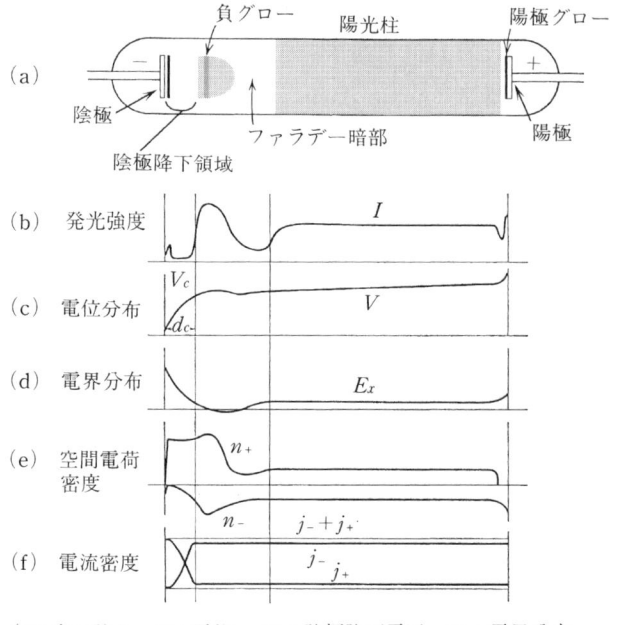

(I：光の強さ，V：電位，V_c：陰極降下電圧，E_x：電界分布，n_+：正の空間電荷密度，n_-：負の空間電荷密度，j_-：電子電流密度，j_+：正イオン電流密度）

図 11.3 グロー放電[6]

glow）に分かれる。またタウンゼント放電領域からグロー放電領域の間と，グロー放電からアーク放電への間は強い負性抵抗性のために不安定な領域で**遷移域**（transition region）と呼ばれる。

つぎにグロー放電の発光状態をさらに詳細に観察すると，**図 11.3** に示すように，管内の場所によって発光の状態が異なることがわかる。そこで，発光状態によって陰極から順に**陰極降下領域**（cathode drop region），**負グロー**（negative glow），**ファラデー暗部**（Faraday dark space），**陽光柱**（positive column），**陽極グロー**（anode glow）と名付けられている。さらに，これらの領域における，発光強度，電位分布，電界分布，空間電荷密度および電流密度の分布を同図に示す。

11.3 陰極降下領域

陰極降下領域は，**図 11.4** に示すように，発光の状態によってさらに，陰極から順に**アストン暗部**（Aston dark space），**陰極グロー**（cathode glow），**クルックス暗部**（Crookes dark space）に分かれる．

図 11.4 陰極降下領域

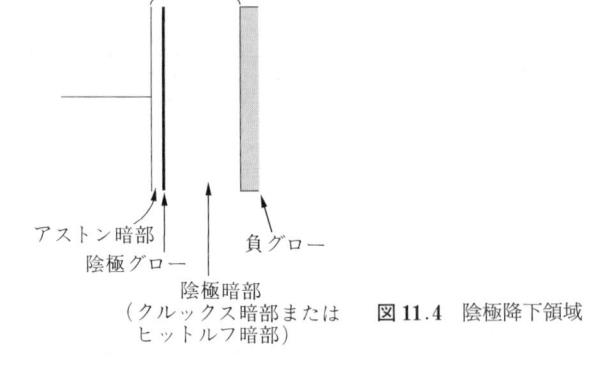

アストン暗部は，陰極のごく近くの部分であり，陰極から放出された電子は電界によってエネルギーを得て分子を電離する。このとき発生した正イオンは陰極側に加速され，陰極面をたたいて γ 作用によって電子を放出させる。

11.3 陰極降下領域

アストン暗部の末端近くでは，電子のエネルギーは電離に消費されるため小さくなり，分子に付着して負イオンになりやすく，発生した負イオンは正イオンと再結合して光を放出する。この領域を陰極グローという。

電子が陰極グロー中を進むとともに，そのエネルギーが再び増加し，分子への付着は起こりづらくなり，負イオンができづらくなる。そのため，再結合作用は減少し，再び暗部が発生する。この領域は陰極暗部（またはクルックス暗部（英），ヒットルフ暗部（独））と呼ばれている。ここでは電子のエネルギーはさらに増加して電離が促進されるが，励起はあまり生じない。それは電離断面積の方が励起断面積より幅広く高いためであると考えられる。これらのおもな作用をまとめると図 11.5 に示すようになる。その結果，陰極降下領域での発光の分布状態は図 11.3 のようになる。アストン暗部では暗く，陰極グローで明るくなり，再び陰極暗部で暗くなるのである。

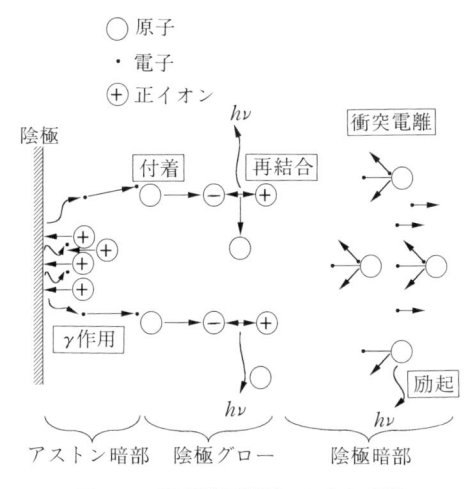

図 11.5 陰極降下領域のおもな作用

電位分布は図 11.3 に示すように陰極を接地電位にすると，負グローに向かってほぼ直線的に上昇する。一方，電界は陰極近くで最大で負グローに向かって直線的に減少していく傾向を示す。また，陰極降下領域では電離作用によってさかんに正・負の電荷が生成されるが，電離作用は陰極降下領域を進行する

に従って増加するため，陰極面から離れるに従って荷電粒子は増加する。

電子は陽極よりへ，正イオンは陰極よりに流れていき総体的には正の空間電荷となる。陰極の前面には，アストン暗部や陰極グローが存在するが，これらの長さは非常に短く，発光強度も弱いために，広義に陰極降下領域をまとめて単に陰極暗部と一般にいわれている。

11.4 負グロー

陰極暗部の終端となると，暗部中で加速されてきた電子のエネルギーは衝突電離によってエネルギーを消耗して減少し，分子に衝突して励起を起こすようになる。さらに，終端近くでは暗部で発生した電子の数も非常に増大する。その結果，発光状態が観察される。この領域は負グローと呼ばれ，放電管の中では一番強い発光状態を示す。

陰極暗部と負グローの間は明確な光の明暗の境界が観測される。負グローの長さは，およそ陰極暗部の長さに比例する。負グローの衝突過程は，電圧 V_c で加速された電子ビームが，ガスに突入して散乱される現象によく似ている。この場合，電子が散乱される領域の長さは，負グローの長さにほぼ等しくなる。図 11.6 にそれらの比較を示す。

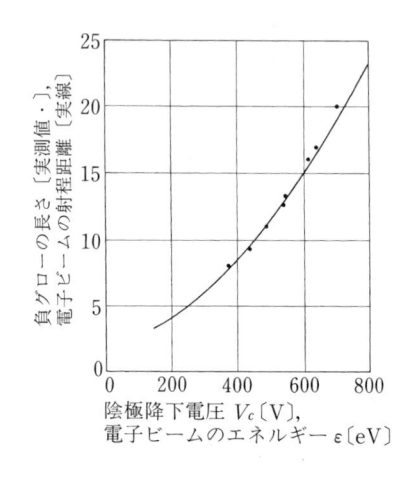

図 11.6 陰極降下電圧 V_c，電子ビームのエネルギー ε と負グローの長さおよび電子ビームの射程距離の関係[6]

V_c で加速された電子ビームが，分子との衝突で散乱される距離を射程距離とし実線で示す．同図には，V_c の関数として負グローの長さの実測値を黒点で示す．このように両者はほぼ一致していることから，負グローは，陰極暗部で加速されたビーム状の電子が，分子と衝突し励起を起こす領域であることがわかる．また発光色は気体の種類に依存する．

励起断面積は，電子のエネルギーが高すぎても減少する．そのため負グローに突入した電子は，分子との電離・励起を繰り返して負グロー内に進入するため，負グローに少し入った領域での電子のエネルギーは境界部より減少することになる．そのため，励起断面積はかえって上昇し，発光強度は最大値に達する．その後，電子は衝突によってそのエネルギーは消耗していくため励起も減少し，ファラデー暗部に到達する．負グローとファラデー暗部との光の境界は明瞭でない．

負グローの発光するスペクトルは陽光柱のスペクトルに比べると異なる．図11.3 にも示すように，負グロー中の電界は陰極暗部よりさらに小さくなり，ほとんど零に近づく．それに対して，負グロー中でも陰極暗部の延長として電離作用が促進されるため，正イオンが生成され，また電子は陽極側に流れていくため，正味の空間電荷は正の値となる．

11.5 ファラデー暗部

負グローと陽光柱の間にあって暗い部分はファラデー暗部と呼ばれる．ときには，純 Ne の場合のようにファラデー暗部でも発光する場合もある．負グローの中で電子は衝突によってエネルギーを使い果してしまうため，ふらふらになってファラデー暗部に到達する．そのためファラデー暗部での励起はなく発光を生じない．

また，電子は負グロー領域中でもさかんに電離を繰り返すため，正イオンと電子を発生させる．そのうち正イオンは陰極の方へ，電子はファラデー暗部に流れていく．そのためファラデー暗部は過剰な負の空間電荷で満たされる．この負電荷は，電界を弱める作用として働き，ときには電界は負の値を示す．

ファラデー暗部から陽極に流れていくと，電荷は拡散してその数を減らしていくため，空間電荷は弱くなる。やがて，正の電界が強まって陽光柱に達する。

11.6 陽　光　柱

11.6.1 両極性拡散

ファラデー暗部の末端から再び発光状態が観測される。この部分は陽光柱と呼ばれる。陽光柱内では**電子密度**（electron density）と**正イオン密度**（positive ion density）がほぼ等しい**プラズマ**（plasma）状態となっている。いま，放電管に電圧を印加して電流が流れ出した瞬間，電子による衝突電離によって，電子とイオンが発生するが，電子の熱運動速度はイオンのそれに比べて非常に速いため，発生した電子は管壁に向って流れ，管壁に付着する。その結果，管壁の電位は負に帯電し，放電管の中心から管壁へ向かう**径方向電界**（radial electric field）が発生する。この径方向電界は，電子の径方向への運動に対しては逆電界として働き，電子を減速させる作用をする。逆にイオンに対しては加速する電界として作用する。その結果，電子とイオンの径方向への速度が等しくなって，管壁表面で絶えず表面再結合を行い，定常状態に達する。この現象を**両極性拡散**（ambipolar diffusion）という。

陽光柱内では，このような両極性拡散によって管壁へ失われていく数は，陽光柱内自身での電離作用によって補給される。すなわち，陽光柱内単位長さあたりをとれば，その空間で毎秒発生する荷電粒子の数は，その空間から管壁への拡散によって失われる数と一致する。そのため，荷電粒子の発生に必要な弱い電界が存在する。電離作用とともに励起作用も行われ，発光を伴う。この発光が古くから蛍光灯やネオンサインなどの発光源として利用されてきた。

いま，電子とイオンの移動速度を v_e, v_+ とし，電子密度とイオン密度を n_e, n_+ とすれば，これらはプラズマ中で等しくなり，$n_e = n_+ = n$ とおくことができる。それぞれの速度は，径方向電界 E_r による移動速度と密度勾配による拡散速度の和で与えられるため，次式が成立する。

$$v_e = -\mu_e E_r - \frac{D_e}{n}\frac{dn}{dr} \tag{11.1}$$

$$v_+ = \mu_+ E_r - \frac{D_+}{n}\frac{dn}{dr} \tag{11.2}$$

ここで，μ_e，μ_+ は電子およびイオンの移動度，D_e，D_+ は電子およびイオンの拡散係数である。式 (11.1) で電子の移動速度の成分に－がついているのは，先に説明したように，径方向電界が電子の運動に対して逆電界として作用するためである。

これらの 2 式より E_r を消去し，さらに定常状態では，電子の速度とイオンの速度が等しくなるため，その速度を両極性拡散速度 v_a とおけば

$$v_a = v_e = v_+ = -\frac{\mu_e D_+ + \mu_+ D_e}{\mu_e + \mu_+}\frac{1}{n}\frac{dn}{dr} \tag{11.3}$$

ここで

$$D_a = \frac{\mu_e D_+ + \mu_+ D_e}{\mu_e + \mu_+} \tag{11.4}$$

とおけば

$$v_a = -D_a \frac{1}{n}\frac{dn}{dr} \tag{11.5}$$

となる。D_a は**両極性拡散係数** (coefficient of ambipolar diffusion) と呼ばれる。このように，管内で発生した電荷粒子は v_a で管壁へ向かって流れていく。式 (11.5) において $T_e \gg T_+$ より，$\mu_e \gg \mu_+$ であることを考慮すれば

$$D_a = D_+ + \frac{\mu_+}{\mu_e} D_e = D_+\left(1 + \frac{\mu_e}{\mu_+}\frac{D_e}{D_+}\right) = D_+\left(1 + \frac{\mu_+ D_e}{\mu_e D_+}\right) \tag{11.6}$$

μ_e，D_e，μ_+，D_+ の間には，つぎのアインシュタインの関係式が成立する。

$$\frac{\mu_e}{D_e} = \frac{e}{kT_e}, \quad \frac{\mu_+}{D_+} = \frac{e}{kT_+} \tag{11.7}$$

式 (11.7) の関係を式 (11.6) に代入して整理すれば

$$D_a = D_+\left(1 + \frac{T_e}{T_+}\right) \fallingdotseq D_+ \frac{T_e}{T_+} \tag{11.8}$$

T_e はおよそ数万度，T_+ は数百度であることを考慮すれば，D_a は D_+ の約

100 倍程度を考えればよい。

11.6.2 電子密度分布

つぎに，陽光柱内の電子密度の分布状態について求めてみる。

図 11.7 に示すように，陽光柱の一部において単位長さあたりを考え，放電管の管軸より r の距離において，厚さ dr の中空円筒を考え，この体積内で電離によって毎秒発生する電子数と，両極性拡散によって毎秒消失する電子数の平衡について考えよう。

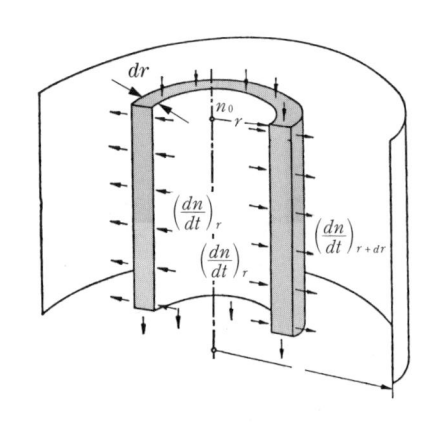

図 11.7 陽光柱における荷電粒子の発生と消失

この中空円筒形の内部で毎秒発生する電子の数は，**電離頻度**（1 個の電子が電離によって毎秒発生する電子数）ν_i とこの空間の体積（$2\pi r \times dr$）および電子密度 n に比例することから

$$\text{発生数} = n \cdot 2\pi r \cdot dr \cdot \nu_i \tag{11.9}$$

つぎに，この中空円筒内で失われる電子数は，両極性拡散によって，この中空円筒の外面より出ていく電子数と，内面に入ってくる電子数の差で与えられる。半径 ($r+dr$) の外面より出ていく電子数は

$$-D_a \frac{dn}{dr}\bigg|_{r+dr} \cdot 2\pi(r+dr) = -2\pi(r+dr) D_a \left\{ \frac{d}{dr}\left(n + \frac{dn}{dr} \cdot dr \right) \right\}$$

$$= -2\pi(r+dr) D_a \left(\frac{dn}{dr} + \frac{d^2n}{dr^2} \cdot dr \right) \tag{11.10}$$

一方，半径 r の内面に入ってくる電子数は

$$-2\pi r\, D_a \frac{dn}{dr} \tag{11.11}$$

これらの差を取って $(dr)^2$ を含む項は微小のため省略すれば，円筒内において毎秒失われる電子の損失数は

$$損失数 = -2\pi r\, D_a\left(\frac{d^2n}{dr^2} + \frac{1}{r}\frac{dn}{dr}\right)dr \tag{11.12}$$

定常状態では，これらの発生数〔式 (11.9)〕と損失数〔式 (11.12)〕が等しく，平衡することから

$$\frac{d^2n}{dr^2} + \frac{1}{r}\frac{dn}{dr} + \frac{\nu_i}{D_a}n = 0 \tag{11.13}$$

ここで，$x = r\sqrt{\nu_i/D_a}$ とおいて上式を変数変換すれば

$$\frac{d^2n}{dx^2} + \frac{1}{x}\frac{dn}{dx} + n = 0 \tag{11.14}$$

この微分方程式の解は，次式となることが知られている。

$$n = n_0 J_0(x) = n_0 J_0\left(r\sqrt{\frac{\nu_i}{D_a}}\right) \tag{11.15}$$

ただし，n_0 は放電管中心の電子密度，$J_0(x)$ は零次のベッセル関数である。いま，管半径 R の点での電子密度が n_0 に比べて十分小さく，ベッセル関数 $J_0(x)$ は変数 $x = 2.405$ で $J_0(2.405) = 0$ となることを考慮すれば

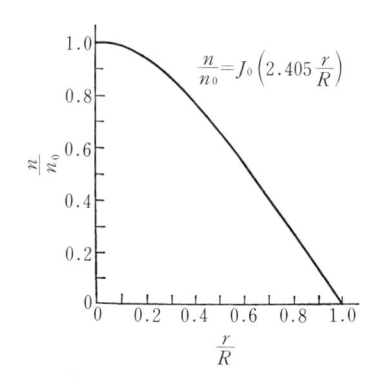

図 11.8　陽光柱の電子密度の径方向分布

174　11. グロー放電

$$R\sqrt{\frac{\nu_i}{D_a}}=2.405 \tag{11.16}$$

式 (11.16) を式 (11.15) に代入すれば

$$n=n_0 J_0\left(2.405\frac{r}{R}\right) \tag{11.17}$$

と書くことができる。図 11.8 にこの関係を示す。またこの関係は，陽光柱の発光部より推定した電子密度分布の測定値の結果とよく一致している。

11.6.3 電子温度

式 (11.16) を整理すれば

$$\frac{\nu_i}{D_a}=\left(\frac{2.405}{R}\right)^2 \tag{11.18}$$

ここで，電子のエネルギー分布がマックスウェル分布であると仮定すると，電子温度 T_e を定義することができる。一方 ν_i は次式で与えられる。

$$\nu_i=2\sqrt{\frac{2e}{\pi m_e}}\,paV_i^{\frac{3}{2}}\left(\frac{kT_e}{eV_i}\right)^{\frac{1}{2}}\left(1+2\frac{kT_e}{eV_i}\right)\exp\left(-\frac{eV_i}{kT_e}\right) \tag{11.19}$$

式 (11.8) の D_a および式 (11.19) の ν_i を式 (11.18) に代入して，$X_i\equiv kT_e/eV_i$ とおいて整理すれば次式を得る。

$$\frac{(1+2X_i)\exp\left(-\frac{1}{X_i}\right)}{X_i^{\frac{1}{2}}}=\frac{1}{(cpR)^2} \tag{11.20}$$

表 11.2　各種気体の c 値

気体	$c[\mathrm{Torr\cdot cm}]^{-1}$
He	17.11
Ne	29.29
Ar	156.3
Hg	287.5
N_2	43.97
H_2	75.58
O_2	64.90

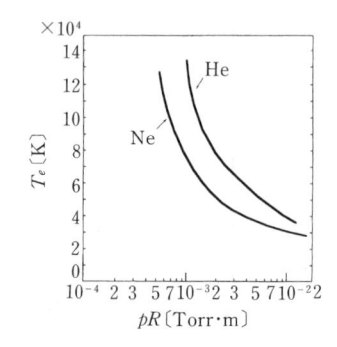

図 11.9　He，Ne の電子温度の計算値

c の値は次式によって与えられる。

$$c = 3.403 \times 10^3 \left(\frac{aV_i^{\frac{1}{2}}}{\mu_+} \right)^{\frac{1}{2}} \; \mathrm{[Torr \cdot cm]}^{-1} \tag{11.21}$$

若干の気体についての c の値を表 **11.2** に示す。式 (11.20) の左辺は T_e の関数であり，右辺は pR の関数であるため，T_e を pR に対してグラフにすることができる。He，Ne についての pR を関数として計算した結果を図 **11.9** に示す。

11.6.4　軸方向電界

つぎに陽光柱に存在する軸方向電界 E_z を求めてみよう。陽光柱において，電子は軸方向電界よりエネルギーを得，分子との衝突によってそのエネルギーを失う。そこで，毎秒あたりこれらのエネルギーの平衡について計算してみよう。

まず，個々の電子に働く力は，eE_z であるから，1秒間あたり1個の電子が電界より得るエネルギーは $eE_z \cdot v_e$ で表すことができる。v_e は電子の移動度 μ_e を用いて，$v_e = \mu_e E$ でも与えられるため，1個の電子が電界より得るエネルギーは毎秒 $\mu_e e E_z^2$ となる。

他方，電子が分子に衝突するときに，1回の衝突あたり失うエネルギーは衝突損失係数 f_e を用いて，$f_e(3/2 \cdot kT_e - 3/2 \cdot kT_g)$ で表される。ただし，ここで T_e は電子温度，T_g は気体温度である。一方，電子が1秒間に分子に衝突する回数は，電子の熱運動速度 c_e を用いれば c_e/λ_e で与えられるから，1秒間に衝突によって失う全エネルギーは，$T_e \gg T_g$ とすれば

$$\frac{c_e}{\lambda_e} f_e \frac{3}{2} kT_e \fallingdotseq \frac{c_e}{\lambda_e} f_e \frac{3}{2} kT_e \tag{11.22}$$

したがって，これらの電子についてエネルギーの利得と損失を平衡させれば

$$\mu_e e E_z^2 = \frac{c_e}{\lambda_e} \cdot \frac{3}{2} kT_e f_e \tag{11.23}$$

ここで，μ_e についてはランジュバンの式 (9.70) を使用し，c_e については $c_e = (8kT_e/\pi m_e)^{1/2}$ を使用すれば

$$\frac{E_z}{p}=\frac{k}{e}\sqrt{\frac{1}{0.75}\cdot\frac{3}{2}\cdot\frac{8}{\pi}\frac{T_e}{l_e}} \tag{11.24}$$

ただし，l_e は1Torr 中での電子の平均自由行程であり $l_e/p=\lambda_e$

これより，e，k を代入すれば

$$\frac{E_z}{p}=1.96\times10^{-4}\frac{p}{l_e}T_e\sqrt{f_e} \tag{11.25}$$

となる．ただし，各単位は E_z〔V/cm〕，l_e〔Torr・cm〕，p〔Torr〕，T_e〔K〕である．図 11.10 に種々の気体の軸方向電界の測定値を示す．

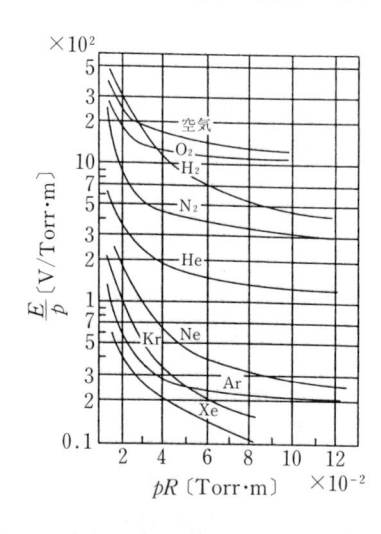

図 11.10 陽光柱の軸方向電界の測定値[4]

11.6.5 径方向電界

すでに示した式 (11.1)，(11.2) において，$v_+=v_e$ とし，それら2式の差をとり，さらに $D_+\ll D_e$，$\mu_+\ll\mu_e$ を考慮すれば

$$E_r=-\frac{D_+-D_e}{\mu_++\mu_e}\frac{1}{n}\frac{dn}{dr}=-\frac{D_e}{\mu_e}\frac{1}{n}\frac{dn}{dr} \tag{11.26}$$

また，式 (11.7) の関係を式 (11.26) に代入すれば

$$E_r=-\frac{kT_e}{e}\cdot\frac{1}{n}\frac{dn}{dr} \tag{11.27}$$

が成立する．この関係を用いて，中心から r 点までの電位差を求めてみよう．いま，中心軸上の電子密度を n_0，r 点での電子密度を n_r とすれば

$$V_0 - V_r = -\int_r^0 E_r dr = -\frac{kT_e}{e} \cdot \int_{n_r}^{n_0} \frac{1}{n} dn = \frac{kT_e}{e} \ln \frac{n_0}{n_r} \tag{11.28}$$

となって電位差は電子温度に比例することがわかる。

11.6.6 放電電流と電子密度

つぎに，陽光柱内の放電電流と電子密度との間の関係を求めてみよう。

いま，図 11.11 に示すように，中心から r の距離において，厚さ dr の中空円筒管内の電子電流を dI_e とすれば，電子の径方向分布がベッセル分布であることを考慮すれば

$$dI_e = env_e 2\pi r \cdot dr = en_0 J_0(x) v_e \cdot 2\pi r \cdot dr \tag{11.29}$$

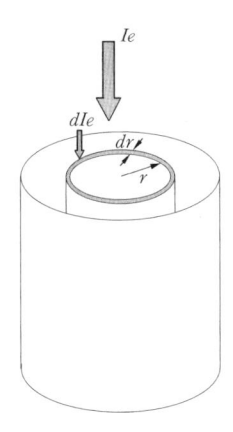

図 11.11 陽光柱内の放電電流

ここで，$r\sqrt{\nu_i/D_a}=x$ および式 (11.16) の $R\sqrt{\nu_i/D_a}=2.405$ という関係を用いれば，$r=(R/2.405)x$ となる。そこで $x=0$ から $x=2.405$ まで積分すれば

$$I_e = 2\pi e v_e n_0 \left(\frac{R}{2.405}\right)^2 \int_{x=0}^{2.405} x J_0(x) \, dx = 1.36 e v_e n_0 R^2 \tag{11.30}$$

したがって

$$n_0 = \frac{I_e}{1.36 e v_e R^2} \tag{11.31}$$

陽光柱において，電子電流 I_e は全電流にほぼ等しいため次式を得る。

$$n_0 = \frac{I}{1.36 e v_e R^2} \tag{11.32}$$

11.7 陽極降下領域

11.7.1 陽極グロー

陽光柱内では電子密度とイオン密度がほぼ等しいプラズマ状態となっているため，空間電荷はほとんど存在しない。ところが，陽極近くになると，陽極からは正イオンの補給がなく，空間で発生した正イオンは陰極側に流れていくため，負の空間電荷が発生する。この空間電荷によって生じる電界のために電子は陽光柱における場合より加速されるために分子を励起し，陽光柱より強い光を放射する。この発生状態を陽極グローと呼んでいる。

11.7.2 陽極降下

陽極グローよりさらに陽極に近づくと，電子はさらに加速されるが，励起断面積はかえって減少するため，発光強度は弱まり，陽極暗部を形成する。このとき，空間電荷の影響によって陽極直前の空間では，電界と電圧はさらに上昇する。この領域を陽極降下という。

11.8 高周波放電

以上調べてきたことは，おもに直流グロー放電についてであるが，最近になって高周波グロー放電（略して高周波放電）が無電極放電ランプや半導体のプラズマプロセッシングに応用されるようになってきた。そこで，ここでは高周波放電の基本的性質について学ぶ。

11.8.1 高周波放電の発生

高周波放電（RF放電）は電極の位置が放電管の内部か外部かによって内極形と外極形に分けられるとともに，高周波電界の発生が容量によるかインダクタンスによるかによって**容量結合形**と**誘導結合形**に分けることができる。図 11.12, 11.13 にはこれらの代表的例を示す。

容量結合形の外極形では電極がプラズマ面にさらされない点を利用して，無電極放電ランプに応用される。通常の放電管では電極が管内にあるために，放電管内のイオンが電極をたたいて金属蒸気を放射させてガラス管壁に付着させ

(a) 内極形　　(b) 外極形

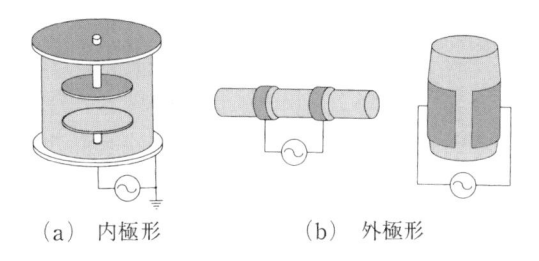

図 11.12　容量結合形高周波放電[10]

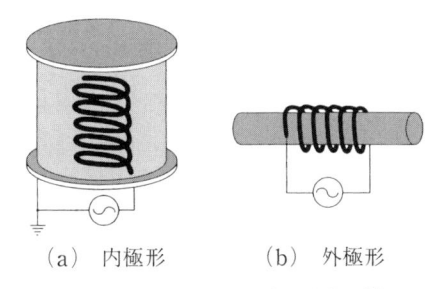

(a) 内極形　　(b) 外極形

図 11.13　誘導結合形高周波放電[10]

る。この現象は**スパッタリング現象**（sputtering phenomena）と呼ばれ，付着した金属蒸気がガスを吸着するため，ガス圧が低下し，放電管の寿命を短くする原因となっている。外極形ではこのスパッタ作用がないため，放電管の寿命が著しくのびて，半永久的に使用でき，長寿命ランプの実現が可能である。

　最近，高周波放電によってプラズマをつくり半導体のプロセッシングへの応用が発展し，プラズマエッチング，プラズマデポジションなどに広く応用されてきた。このような高周波放電では，電極は真空容器の内部に配置される内極形が応用されている。

　誘導結合形にも図 11.13 に示すように，内極形と外極形に分けられるが，実際にプラズマプロセッシングで利用されている構造は，図 11.14 に示すように容量結合形平行平板電極であり，高周波が印加される方の電極を，**ドライブ電極**（driving electrode）または**駆動電極**と呼ぶ。このドライブ電極には，0.5〜1.0 cm の間隔でシールドカバーがかぶせられており，放電が電極の裏側に回らないように工夫してある。

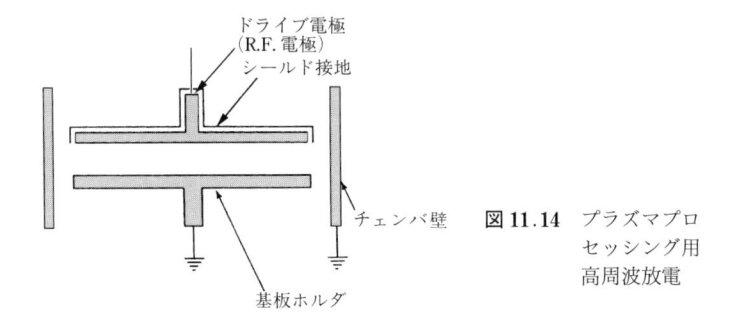

180   11. グロー放電

図 11.14 プラズマプロセッシング用高周波放電

この場合，ギャップ間の距離は放電破壊に関するパッシェン曲線の最小点よりかなり低圧側に相当しているため，ギャップ内では放電は発生しない。また，通常真空容器は接地して使用し，接地側の電極と同電位となっている。

11.8.2 周波数と整合器

高周波放電に利用されている周波数は，電波法で決められた工業バンドのうちおもに 13.56MHz が使用されている。一般に，平行平板電極に高周波を印加してプラズマを発生した場合，プラズマ自身を含めて，負荷のインピーダンスは容量性である。交流回路理論によれば図11.15に示すように，電源側の出

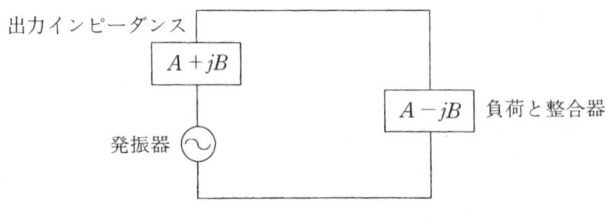

図 11.15　高周波回路

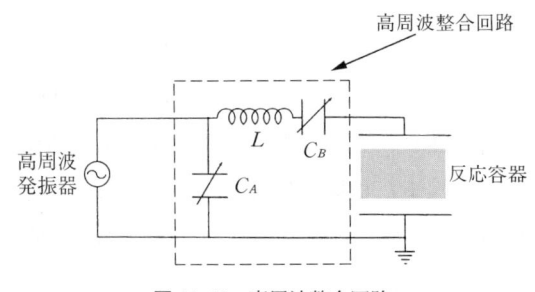

図 11.16　高周波整合回路

力インピーダンス $A+jB$ のとき，負荷側（負荷と整合器）の入力インピーダンスが $A-jB$ のときに負荷側に最大電力が供給される。

そこで，電源側と負荷側とのインピーダンスを整合させるために図 11.16 に示すような高周波整合回路を挿入する。

11.8.3 自己バイアス電圧

高周波電圧が印加されるドライブ電極には通常ブロッキングコンデンサを通して高周波電圧が印加されるため，直流的には浮遊電位になる。すなわち，ドライブ側が正の半周期ではプラズマ中の電子が高周波電界によって加速されてドライブ電極に付着するため，ドライブ電極は負に帯電する。

負の半周期では，イオンが電子のように高周波電界に追従できないために，ドライブ電極上の負電荷はあまり中和されず，つぎの正の半周期に入る。そのためドライブ電極上には，定常状態ではある程度の負電荷が帯電し，負電位となる。これを**自己バイアス電圧**（self bias voltage）といっている。この負電位によってドライブ電極の周囲にはイオンが集まり**イオンさや**（ion sheath）を形成する。

11.8.4 等価回路とイオンさや電圧

図 11.17 に平行平板形高周波放電回路の概略図を示す。

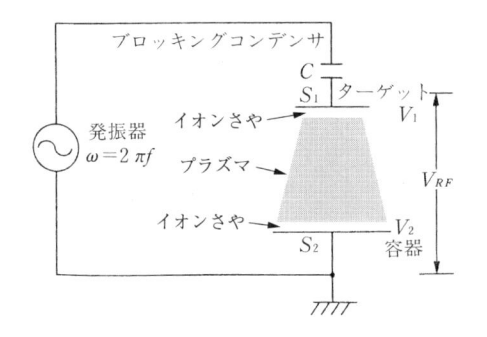

図 11.17 平行平板形高周波放電回路[10]

ここで，S_1, S_2 はそれぞれ電極の面積，V_1, V_2 は電極の周囲のイオンさやにかかる電圧である。また，V_{RF} は電極間にかかる高周波電圧であり，C はブロッキングコンデンサである。そこで，この高周波放電の等価回路を考えて

11. グロー放電

みよう．まず，放電している状態ではドライブ電極周囲のイオンさや領域と接地電極付近のイオンさや領域にはさまった中心がプラズマ領域である．

ここで，さや領域は電極の電位がプラズマの電位より正のときには電子電流が流れるが，反対に負のときは，イオンが高周波電界の変化に追従できないために流れづらい．この現象は高周波に対しては整流作用が生じるため，等価的なダイオードで表すことができる．

また，イオンさや領域は，プラズマ領域に比べて抵抗値が大きいため，抵抗と容量の並列回路で表すことができる．一方プラズマの領域はさや領域に比べて，非常に導電性であるため，そのインピーダンスを Z_p とすれば，図 11.18 のような等価回路となることがわかる．

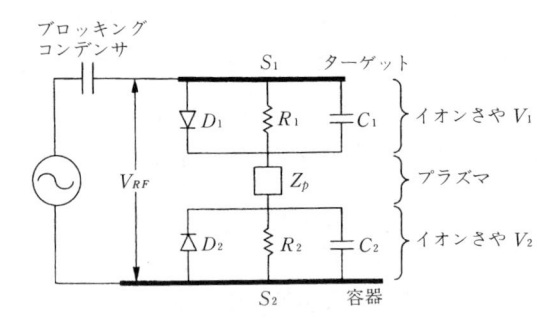

図 11.18 高周波放電の等価回路[10]

いま，プラズマインピーダンスの Z_p を無視すれば，高周波電圧 V_{RF} を二つのさやで比例配分することにより，その大きさは下記の式となる．V_1，V_2 はつぎのように表すことができる．

$$V_1 = \frac{C_2}{C_1 + C_2} V_{RF}, \quad V_2 = \frac{C_1}{C_1 + C_2} V_{RF} \tag{11.33}$$

したがって

$$\frac{V_1}{V_2} = \frac{C_2}{C_1} \tag{11.34}$$

一方，C_1，C_2 は平行平板の静電容量で書き表されるため

$$C_1 = \varepsilon \frac{S_1}{d_1}, \quad C_2 = \varepsilon \frac{S_2}{d_2} \tag{11.35}$$

したがって

$$\frac{C_2}{C_1} = \frac{S_2 d_1}{S_1 d_2} \tag{11.36}$$

一方，イオンさや領域におけるイオン電流 J_{+1}, J_{+2} は，**チャイルド・ラングミュアー**（Child-Langmuir）による空間電荷制限電流により，それぞれ次式で表される．

$$J_{+1} = \frac{8}{9}\varepsilon_0\left(\frac{e}{2m_+}\right)^{\frac{1}{2}} \frac{V_1^{\frac{3}{2}}}{d_1^2} \tag{11.37}$$

$$J_{+2} = \frac{8}{9}\varepsilon_0\left(\frac{e}{2m_+}\right)^{\frac{1}{2}} \frac{V_2^{\frac{3}{2}}}{d_2^2} \tag{11.38}$$

これらの電流は，回路電流として等しくなるため，$J_{+1} = J_{+2}$ より

$$\frac{V_1^{\frac{3}{2}}}{d_1^2} = \frac{V_2^{\frac{3}{2}}}{d_2^2} \tag{11.39}$$

$$\frac{d_1^2}{d_2^2} = \frac{V_1^{\frac{3}{2}}}{V_2^{\frac{3}{2}}} \tag{11.40}$$

式 (11.34)〜(11.40) を整理すれば

$$\frac{V_1}{V_2} = \left(\frac{S_2}{S_1}\right)^4 \tag{11.41}$$

このように，イオンさや電圧は，それぞれの面積の大小関係に依存することがわかる．

11.8.5 放電維持機構

図 11.19 に示すように，2 枚の同一の面積を有する平行平板電極の片側を接地し，片側のドライブ電極に，高周波電源を印加した場合について考えてみよう．

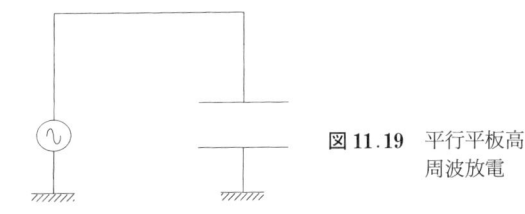

図 11.19 平行平板高周波放電

11. グロー放電

高周波の印加とともに，残留している電子が高周波電界によって加速されて，ガス分子に衝突して電離させ，電子とイオンを発生する。これらは器壁や電極に向かって拡散するが，このうち，電子はイオンに比べて，速やかに器壁拡散し器壁や電極は負に帯電する。

ここで，荷電粒子の発生と消滅の平衡について考えてみよう。空間内で毎秒発生する荷電粒子の数は，空間内および器壁や電極上で再結合をして消滅する荷電粒子の数に平衡し放電が維持される。ここで，空間内で発生する荷電粒子は，電子が電界によって加速されて分子を電離する過程と，準安定原子に衝突して電離をする過程のほかに，正イオンが電極をたたいて二次電子放出する過程に分けることができる。また，プラズマ中の電界より，イオンさや中の電界の方がはるかに大きいため，この空間における荷電粒子の発生数の方がプラズマ中の荷電粒子の発生数より大きい。

11.8.6 プラズマ電位

つぎに図 11.20 に示すように，ブロッキングコンデンサを通して平衡平板電極間に高周波電圧が印加された場合を考えよう。

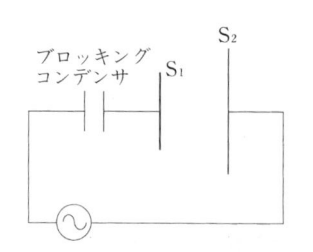

図 11.20 高周波電圧印加回路

この場合，一般にはドライブ電極の面積 S_1 は，接地電極の面積 S_2 に比べて小さく，また，すでに述べたように，ドライブ電極の電位はブロッキングコンデンサの影響によって接地電位よりも負電荷になっている。一方プラズマの電位は接地電位よりも正に維持されるために電位分布は図 11.21 に示すように，両電極間で非対称に分布することになる。

高周波電圧を印加した初期は，電極表面に多量の電子が蓄積して負電位になり，自己バイアスが増すにつれ電子の流れる時間は短くなる．その電子流とイオン電流が等しくなって落ち着くのである．

図 11.22 には，プラズマ電位とドライブ電極電位の時間的変化を示す．

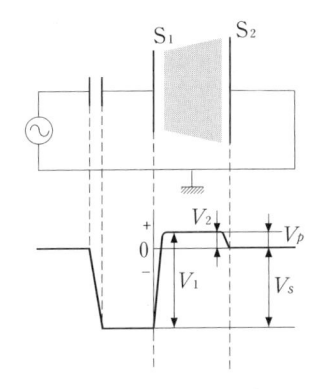

図 11.21　プラズマ電位（V_p）と自己バイアス電位（V_s）[10]

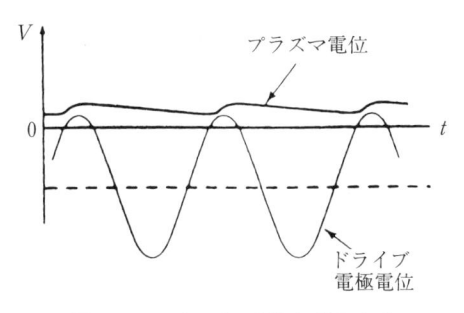

図 11.22　プラズマ電位とドライブ電極電位の時間的変化[10]

12 アーク放電

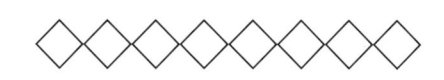

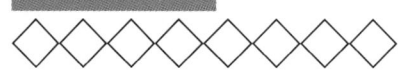

12.1 概　　説

　11章の低圧ガス放電管の電圧・電流特性のところで学んだように，グロー放電の電流をさらに増加させていくと，遷移領域を経てアーク放電に移行する．したがって，アーク放電は放電の最後の形態である．

　この例では，低ガス圧のアーク放電であるが，一般に気体の圧力には特に関係がない．陰極がジュール熱のために加熱され，熱電子放出がおもな電子放出になればアーク放電という．この章では，アーク放電の各部の機構ならびに，アーク放電の種々の形態について学ぶ．

12.2　アーク放電の発生

　いま，図12.1のように大気中において，直流電圧が印加された二つの電極を接触させ，電極を引き離すと電極間にアーク放電が発生する．電極間の発光の形態を調べると，図12.2に示すように陽極と陰極の部分で，わずかに暗部

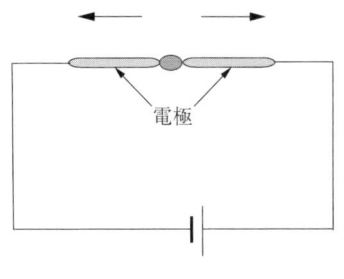

図 12.1　アーク放電の発生

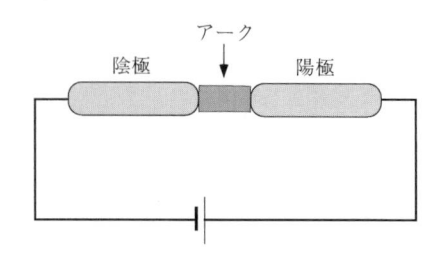

図 12.2　アークの発光状態

があるほか，中央部分は一様に発光する．

発光部分はグロー放電の陽光柱に相当し，アーク（arc，弓）の形に似ていることから**アーク放電**（arc discharge）と呼ばれる．アーク放電では，大電流によって非常に高温度・高密度のプラズマがつくられるため，その熱を利用して金属の溶接や溶断に用いられる．また非常に強い発光をするため，古くは映写器の投光用光源として使用された．

アーク放電がグロー放電と異なるところは基本的には放電の維持機構の差による．すなわち，グロー放電においては，放電の維持に必要な荷電粒子の発生は，正イオンによる陰極からの 2 次電子放出作用（γ 作用）と，空間における衝突電離の α 作用である．

これに対して，アーク放電においては，陰極が電流で局部的に加熱され，非常に高温**陰極点**（cathode spot）を生じ，熱電子放出作用または電界放出作用で大電流になる．そのため，グロー放電では放電を維持するために α，γ 作用に必要な数百 V の電圧が最低限必要であるのに対し，アーク放電では，気体の電離に必要な電離電圧程度，すなわち数十 V で十分である．

陰極からの熱電子放出がおもなアーク放電は**熱陰極アーク**（hot cathode arc），電界放出がおもな放電は**冷陰極アーク**（cold cathode arc）と呼ばれている．アーク放電は，陰極点，陽光柱，陽極降下領域によって構成される．グロー放電に必要な陰極暗部・負グローなどは存在しない．

12.3 陰極降下部

12.3.1 熱陰極アーク

金属は加熱されて高温になると，熱電子が放出されることはすでに述べた．そこで，放電管の陰極をヒータによって直接ないしは間接的に加熱し，熱電子放出をすれば，グロー放電の場合のように，正イオンによる γ 作用なくして電子を供給することができる．このような熱陰極によるアーク放電を熱陰極アークと呼んでいる．

熱陰極の場合，陰極の近傍はさやで囲まれている．そのさやの厚みは，およ

そ電子の平均自由行程程度であり，光の発光を伴わないために暗部といわれている．暗部の内部は負の空間電荷であり，その周囲は正の空間電荷で満たされている．この領域は陰極降下領域に相当する．

12.3.2 冷陰極アーク

冷陰極アークでは，陰極近傍で発生した正イオンが陰極をたたいて，r 作用によって電子を放出しアーク放電が生じる機構であり，熱陰極アーク同様の陰極降下領域を生成する．特に冷陰極アークにおいては陰極が熱で融けて金属蒸気の蒸発が起こるため，陰極付近は陰極蒸気中のアーク放電となる．陰極蒸気は陰極からの電子の発生をさらに促進する役目を果たしている．すなわち，蒸発した金属蒸気が空間で発生したイオンによって陰極よりに押し返されて，陰極近傍に層をつくる．

それらは一方において，陰極からの電子によって励起され，多量の金属蒸気スペクトルを発生し，さらに光は陰極をたたいて光電子放出を促進する．一般に金属より発生するスペクトルの波長は同時に金属に吸収されやすい性質を持っていることから，このスペクトルによって陰極から光電子放出を起こすことになる．

冷陰極アーク放電においては，陰極暗部の厚さはすでに述べたように電子の平均自由行程程度であり，このあいだに気体の電離電圧程度，10数 V 程度がかかるわけである．これから推定すると，陰極面の電界は 10^5 V/cm 程度であり，電界放出の値の 10^7 V/cm にはほど遠い．

12.3.3 水銀陰極アーク

いま，図 12.3 に示すように，水銀中に金属でできた点弧子という電極をい

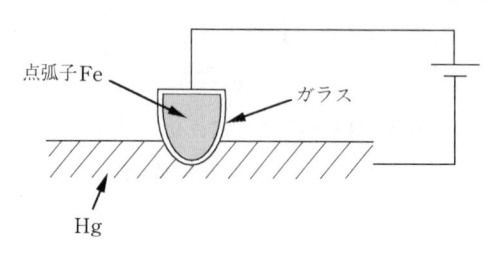

図 12.3 水銀アークの発生

れておき，電極には電圧を加えてこの電極を外部より磁石で持ち上げると，持ち上がる瞬間に陰極表面上に高い電界が加わり，放電が発生する。

　この放電がきっかけとなって，陽極と陰極の間が放電し，アーク放電が発生する。陰極面上を観察すると，陰極面で1箇所だけ非常に強い輝度となる点があり，この点は陰極点と呼ばれる。電流密度はおよそ $10^6 A/m^2$ といわれている。陰極点は水銀表面上を自由に動き回るのが観察される。

　陰極点の動きを固定するためには，水銀面上に金属の突起物をおくと，その先端が陰極点となって固定される。水銀陰極アークを利用した放電管として，水銀整流器があり，大電流を整流できることから古くは，大電流整流用として用いられていたが，半導体整流素子の出現によってその座をあけわたした。

12.4　陽　光　柱

　アーク放電ではすでに述べたように，陰極からの電子の供給が熱電子放出または電界放出であるために，グロー放電のようなイオンを加速する空間を必要としない。したがって，それに関連して発生する負グローやファラデー暗部は存在しない。放電路のほとんどは，陽光柱によって占められている。アーク放電の陽光柱は，ガス圧の低いときと高いときでは性質が非常に異なる。ガス圧の低いときは拡散支配形であり，ガス圧の高いときは熱電離形である。

　ガス圧が低いときの陽光柱の性質は，基本的にはグロー放電の陽光柱と同じ性質である。すなわち，管内で電子の衝突電離によって発生した電子とイオンは，両極性拡散によって管壁に拡散し，管壁上で再結合して中性原子に戻る。このとき電離によって毎秒発生する荷電粒子の数は，両極性拡散によって管壁で失われる荷電粒子の数と平衡する。

　ガス圧が非常に低くても電流が非常に大きくなれば，その電流によって生じるループ状の磁界によって陽光柱自身が**図 12.4** に示すように収縮する現象があり，これを**ピンチ効果**（pinch effect）と呼んでいる。この場合は，陽光柱の気体温度は圧力の高いときと同じように高温に達する。

190   12. アーク放電

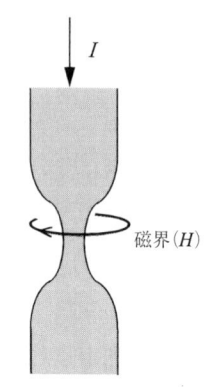

図12.4 ピンチ効果

ガス圧が高くなると，放電の中心から管壁への拡散は押さえられて，放電路は中心部に集まる傾向を示す．**図12.5**に水銀アークの電流密度と温度の径方向分布を示す．

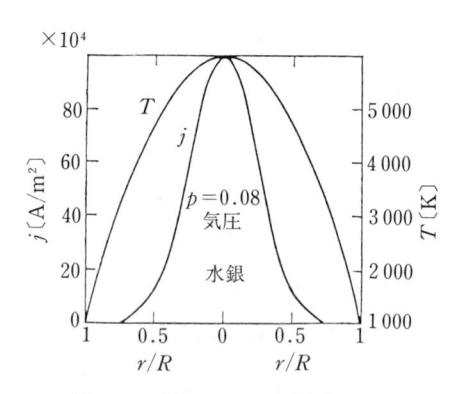

図12.5 水銀アークの電流密度 j と温度 T の径方向分布[2]

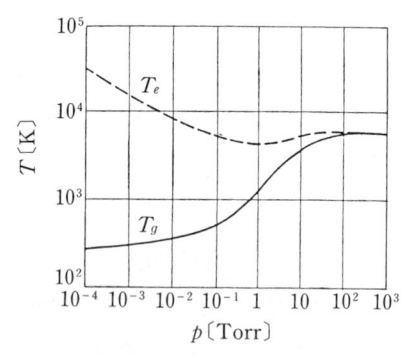

図12.6 電子温度 T_e と気体温度 T_g の圧力依存性[11]

また，陽光柱の温度は著しく増加し，5 000〜7 000 K 程度に容易に達する．高圧アークの陽光柱では，E/p が小さくなるため，電子による直接電離は小さくなり，弾性衝突が圧倒的に増加する．そのため，中性気体原子の温度は上昇して，熱電離がおもになるとともに，電子温度は減少する．電子温度と気体温度の圧力依存性を**図12.6**に示す．

いま，熱電離で発生する電子，イオンの数は式 (9.47) で示したように，サ

ハの式で与えられる。

$$\frac{n_e n_+}{n_g} = 2.4 \times 10^{15} T_g^{\frac{3}{2}} e^{-\frac{eV_i}{kT_g}} \tag{12.1}$$

この式を計算した例を**図12.7**に示す。

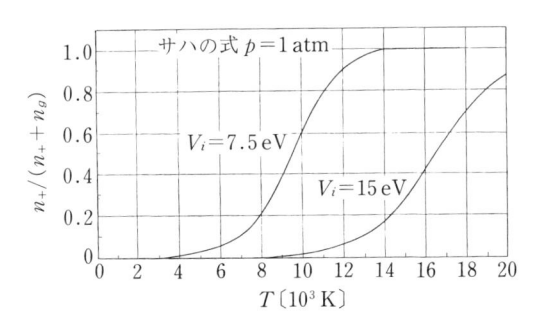

図12.7 熱電離の電離度[5]

$V_i=15\,\mathrm{eV}$ の気体は空気の場合に近く，$V_i=7.5\,\mathrm{eV}$ の曲線は金属蒸気の場合に相当する。縦軸は全分子中のイオンの数に等しく電離度と呼ばれる。いま $V_i=7.5\,\mathrm{eV}$ について考えると，$T_g=9\,000\,\mathrm{K}$ で電離度0.4，$10\,000\,\mathrm{K}$ で電離度0.6，$T_g=11\,000\,\mathrm{K}$ で0.8に達し，およそ $T_g=14\,000\,\mathrm{K}$ で1.0に達する。**図12.8**には，1気圧中のアーク放電の陽光柱の電界の大きさを示した。

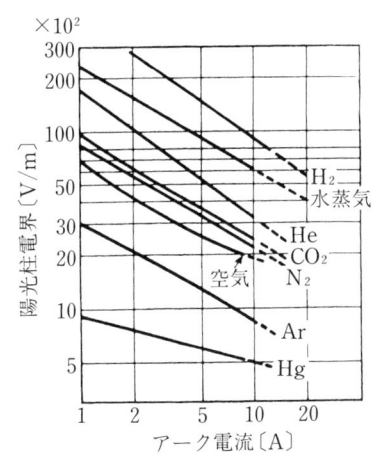

図12.8 アーク放電の陽光柱の電界[12]

12. アーク放電

電界は電流が増加するにつれて減少する。電流が増加すると，温度は上昇し，熱電離によって荷電粒子が増加するため，ますます電子，イオン粒子が増加する結果，放電は容易となり電界は減少することになる。陽光柱内の電子密度は電流密度が大きいことからグロー放電より大きくなり，1atm の空気中で $10^{13} \sim 10^{14}$ 個/cm^3 の値をとる。

12.5 陽極降下領域

アーク放電では，陽光柱が陽極に終わるところに**陽極点**（anode spot）と呼ばれる輝点が発生し，この部分で電圧降下が生じる。陽極近傍で発生したイオンは陽光柱の方へ流れてくるため，陽極の近傍は電子による負の空間電荷層が生じる。これが陽極降下に相当する。

したがって，電流が増加するほど空間電荷が増加し，陽極降下は増加することが予想されるが，実際には電流の増加に伴って陽極降下は減少する。これは電流の増加によって陽極部分の陽光柱の収縮が減少し，空間に広がるためである。**表 12.1** には1気圧アーク中における陽極と陰極の温度を示す。

表 12.1 電極温度（気体圧力 1atm）

電極	条件	電流〔A〕	陰極温度〔K〕	陽極温度〔K〕	沸点〔K〕
C	空気	3〜12	〜3 500	4 200	4 273
C	N$_2$	4〜10	〜3 500	4 000	—
Cu	空気，N$_2$	10〜20	2 200	2 450	2 633
Fe	空気，N$_2$	4〜17	2 400	2 600	3 473
Ni	空気，N$_2$	4〜20	2 370	2 450	3 273
W	空気	2.4	3 000	4 250	6 173
Al	空気	9	3 400	3 400	2 073
Mg	空気	<10	3 000	3 000	1 383
Zn	空気	2	2 350	2 350	1 180

このように，陽極の方が陰極より温度が高い。それがWやCのような陰極を用いた熱電子アークにおいて目立つのは，陰極は熱電子が放出するときに熱を奪われるためである。

12.6 高気圧アークの電圧・電流特性

大気中におけるアーク電圧とアーク電流の関係は比較的簡単な実験式で表される。アーク放電の両極間の端子電圧 V は一般に次式で表すことができる。

$$V = V_c + V_A + El \qquad (12.2)$$

ここで，V_c は陰極降下電圧，V_A は陽極降下電圧，E は陽光柱の電界，l は陽光柱の長さ（近似的にアーク長）である。

一方，1気圧中のアーク放電については，Ayrton 夫人によって次式が求められている。

$$V = a + bl + \frac{c + dl}{I} \quad \text{(V)} \qquad (12.3)$$

ここで，I はアーク電流，a，b，c，d は気体の種類，電極の材料によって決まる定数である。**表 12.2** には1気圧中の空気の場合における **Ayrton 式**〔式(12.3)〕の諸定数を示す。

表 12.2 Ayrton 式定数[11]

電極	a〔V〕	b〔V/mm〕	c〔W〕	d〔W/mm〕
C	38.9	2.1	11.7	10.5
Pt	24.3	4.8	0	20.3
Ag	14.2	3.6	11.4	19.0
Cu	21.4	3.0	10.7	15.2
Ni	17.1	3.9	0	17.5
Fe	15.5	2.5	9.4	15.0

ただし，この表の係数を用いるときの電流の単位は〔A〕，l は数 mm，$I = 2 \sim 18$A である。アーク電流が 10～20A の範囲で，電圧が急に減少する特性が観察される。この付近ではシューシューという音が生じることから，**叱音アーク**（hissing arc）と呼ぶ。この急降下の現象は，電極の物質が高温のために蒸発し，不規則な爆発的酸化をするためであると考えられる。

12.7 真空アーク

図 12.9 に示すように，真空中において，電極面を接触させておき，電極間

12. アーク放電

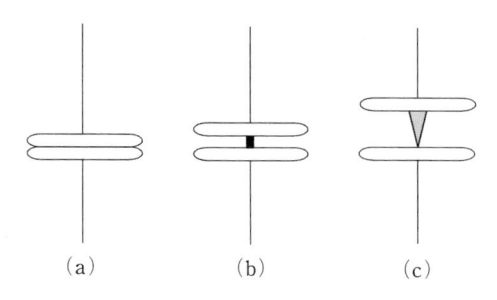

(a)　　　(b)　　　(c)

図 12.9　真空アークの発生

に電流が流れているとき，電極をおたがいに引き離した場合について考えてみよう。

電極の表面は，いかに機械的に精密に加工しても，ミクロ的には凹凸があり，これらの接触点は，図 12.10 に示すように面接触ではなく点接触をしており，多くの接触点を通して電流が流れている。

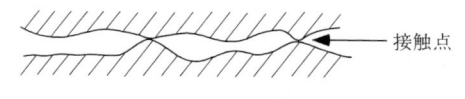

　　　　　　　　　　　　　　　←接触点

図 12.10　点接触

そこで，電極を引き離す瞬間には，接触点が減少してくるため，接触点が局部的に高温に加熱され金属蒸気を発生する。しかも電界は V/d (d：電極間隔) であることを考えれば，大きな電界が金属蒸気に印加されたことになり，アーク放電が発生する。このような現象を**真空アーク放電**（vacuum arc discharge）という。

真空遮断器（vacuum circuit breaker）では，回路を遮断するとともに，このようなアーク電流の発生を防ぐことが求められる。すなわち，真空アークが発生して成長する以前に電極を相互に引き離す必要がある。しかし，電極上に例えば数個の陰極点が発生した場合，大電流の熱を数箇所だけで分担するため，陰極点 1 箇所あたりの熱的損傷が大きい。そこで，この現象をさけるため図 12.11 に示すように電極に垂直の放電軸方向に縦磁界を印加する。

磁界中では，図 12.12 に示すように，最初一点のアーク陰極点がつぎつぎに

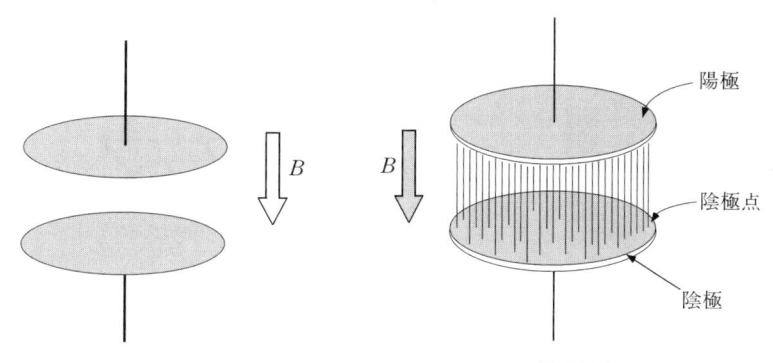

図 12.11　縦磁界中の電極　　　図 12.12　縦磁界中のアーク

分裂して 100 個程度の陰極点に分かれる。

　そのため陽極が引き離される頃は，100 個程度の陰極点となり，1 個あたりの陰極点の負担が 1/100 くらいになる。したがって，陰極点 1 個あたりの熱的損失を減少させる。仮に陰極の数が 100 倍になれば，電流は 1/100 になるためジュール熱によるエネルギーは 1 万分の 1 に減少する。このように，磁界中の真空アーク遮断器は，電極の消耗が非常に抑えられる結果，数百 kA 程度の遮断器には真空遮断器が多く使用されるようになった。

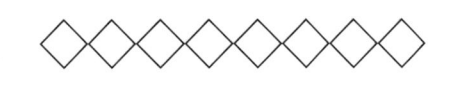

13 プラズマ

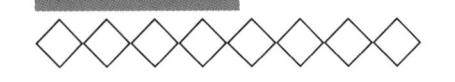

13.1 概　　説

　物体を加熱して温度を上げていくと，固体，液体，気体を経てついにはプラズマ状態になる。プラズマという名称は最初，アメリカの物理・化学者であり，放電の分野に多大な業績を残したラングミュアーによって命名された。

　自然界には多くのプラズマ状態が存在する。例えば，火炎の状態や電離層もプラズマ状態である。人工的には，例えば放電管の内部もプラズマである。また最近，高周波放電によってプラズマをつくり，半導体のプラズマプロセッシングに多く使用されるようになってきた。

13.2 プラズマの基本的性質

13.2.1 プラズマの電離度

　放電管中の電子密度は，放電管の回路条件によって外的に決まるが，通常のグロー放電陽光柱の電子密度は 10^9〜10^{12} cm^{-3} 程度であり，圧力 1 Torr の中性気体分子密度 10^{16} cm^{-3} 程度に比べて，およそ 1 万分の 1 以下の非常にわずかな電離度である。このような状態を**弱電離プラズマ**（weakly ionized plasma）と呼んでいる。また，アーク放電になると，放電電流が非常に大きくなることから，電離度はかなり増加する。このようなプラズマを**強電離プラズマ**（strongly ionized plasma）と呼んでいる。

　一方，**核融合プラズマ**（nuclear fusion plasma）のように，ガス圧が低い状態で，電子温度が高くなり電子密度もさらに飛躍的に増加すると，ついには中性

分子はすべて電離する状態となる。このような状態を**完全電離プラズマ**（fully ionized plasma）と呼んでいる。

13.2.2 プラズマの密度と温度

一口にプラズマといっても天体プラズマから実験室プラズマや核融合プラズマにいたるまで非常に幅が広い。これらプラズマの基本的性質は密度と温度に依存する。**図13.1**に種々のプラズマの密度と温度の位置付けを示す。

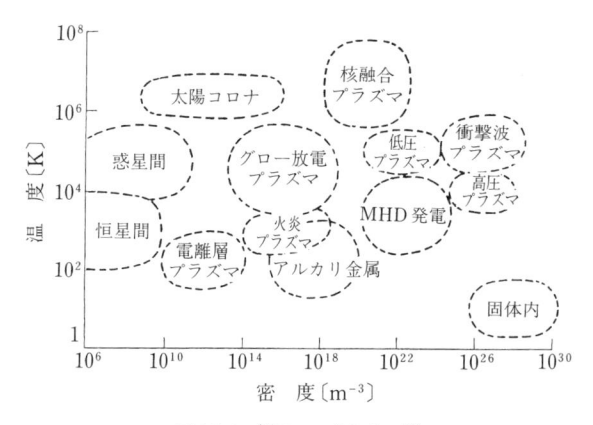

図13.1 種々のプラズマ[13]

13.2.3 デバイ距離

プラズマにおいては電子密度 n_e と正イオン密度 n_+ が等しく，空間電荷密度はゼロの状態である。しかし，これはマクロな話であって，1個1個の正イオンや電子は，それぞれ電荷を持って動いているため，それらの近傍では，それらの電荷によって生じるミクロ電界が存在するが，それらの不規則運動のため狭い範囲では，電子とイオンの密度が同じでない。ある広さでみれば釣り合って一様なプラズマになる。その一様とみなせる空間的な広がりは，**デバイ距離**（Debye length）または**デバイ半径**（Debye radius）と呼ばれる長さ以上で表される。いま，**図13.2**に示すように，ある点Pを考えて，座標の中心とし，中心より r 点の電子密度が，少しゆらいだ場合を考えよう。

r 点の点Pからの電位差を $V(r)$ とすれば，その点の電子密度 $n_e(r)$ はつ

198   13. プラズマ

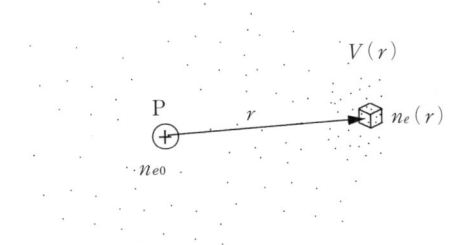

図 13.2 正イオンの周りの電位分布

ぎのボルツマン分布によって表される。

$$n_e(r) = n_{e0}\exp\left(-\frac{eV(r)}{kT_e}\right) \approx n_{e0}\left(1 - \frac{eV(r)}{kT_e}\right) \tag{13.1}$$

ここで，n_{e0} は $r=0$ での電子密度，T_e は電子温度，k はボルツマン定数，e は電子の電荷である。正イオンは，電子のゆらぎに比べると非常に遅いためにほぼ静止しており，次式が成り立つ。

$$n_+ = n_{e0} \tag{13.2}$$

したがって，ゆらいだ場所においての電位分布は，ポアソンの方程式で与えられる。式 (13.1) を式 (2.35) のポアソンの方程式に代入すれば

$$\nabla^2 V(r) = -\frac{e}{\varepsilon_0}(n_{e0} - n_e(r)) = -\frac{e}{\varepsilon_0} \cdot \frac{eV(r)}{kT_e} \cdot n_{e0} \tag{13.3}$$

$V(r)$ は r のみの関数として，式 (13.3) の極座標方程式を解くと

$$V(r) = \frac{e}{4\pi\varepsilon_0 r} e^{-\frac{r}{\lambda_D}} \tag{13.4}$$

ここで

$$\lambda_D = \sqrt{\frac{\varepsilon_0 kT_e}{n_{e0}e^2}} \tag{13.5}$$

となる。これは正イオン 1 個だけであれば，電位 V が $V = e/4\pi\varepsilon_0 r$ で減衰するところ，正イオンの周囲に電子があるため，図 13.3 のように急激に減衰することがわかる。

ここで定義した λ_D が，非等温プラズマにおけるデバイ距離と呼ばれるものである。すなわち，式 (13.4) より $r = \lambda_D$ を代入すれば電位 $V(r)$ は（$e/$

13.2 プラズマの基本的性質

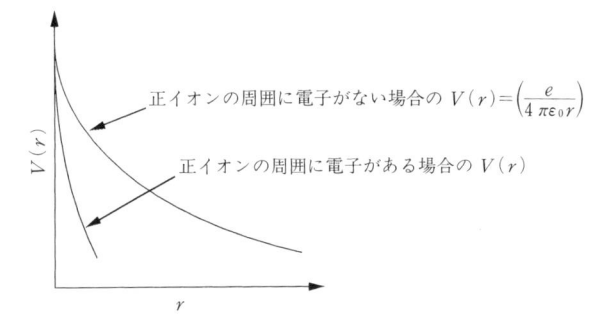

図13.3 正イオンの周囲の電位分布

(図中ラベル: 正イオンの周囲に電子がない場合の $V(r)=\left(\dfrac{e}{4\pi\varepsilon_0 r}\right)$, 正イオンの周囲に電子がある場合の $V(r)$)

$4\pi\varepsilon_0 r$) の $1/e$ ($e=2.718$) 倍になることから，λ_D は，電位の値が周囲に電子が存在しない場合の $1/e$ に減衰する距離であるといえる。

式 (13.5) に k, ε_0, e の値を代入すれば

$$\lambda_D = 6.90\sqrt{\frac{T_e}{n_{e0}}} \quad \text{[cm]} \tag{13.6}$$

となる。ただし，T_e：K，n_{e0}：cm^{-3} 単位とする。

例として He の陽光柱プラズマにおいて $n_{e0}=10^9\,\text{cm}^{-3}$, $T_e=4\times10^4\,\text{K}$ の λ_D の値を計算すると，上式より $\lambda_D=0.44\,\text{mm}$ を得る。デバイ距離とは，クーロン力が作用する目安を与えることになる。すなわち中心よりデバイ距離の球内ではミクロ電界が作用する範囲内であり，デバイ距離より外側ではミクロ電界が急激に減少して，ほぼ一様なプラズマと考えられる。

13.2.4 プラズマ振動

プラズマでは，電子密度とイオン密度が等しい状態となっているが，プラズマ中でなんらかの原因で電荷の不均一が発生すると，電荷を均一なもとの状態に戻す力が作用する。この場合，イオンはほぼ静止していると考えられ，電子がイオンの電界に引きつけられてもとの状態に戻ることになるが，電子の運動はその質量による慣性のために，イオンの位置を通り過ぎて再び逆の位置に戻る運動となる。すなわち，電子の振動現象となる。この振動のことを**プラズマ振動**（plasma oscillation）と呼んでいる。つぎに，この振動の周波数を求めてみよう。

外部からなんらかの原因によって電子が変位を起こした場合について考えよう。いま，図 13.4 において，最初，電子が x と $x+dx$ の空間に存在していたものが，$x+\xi$ と $x+\xi+d\xi$ の間に変位するものとする。

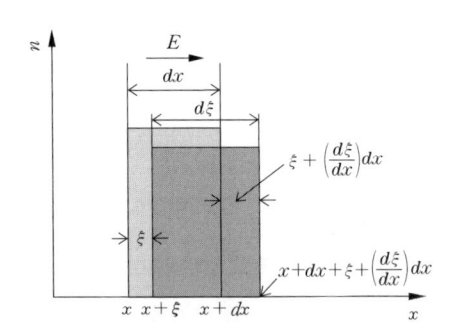

図 13.4 電子群の変位による電界の発生

すなわち，x 点にあった電子は $x+\xi$ の位置にくるが，$x+dx$ の位置にあった電子は

$$x+dx+\xi+\left(\frac{d\xi}{dx}\right)dx \tag{13.7}$$

の位置まで移動することになる。そこで x 方向に単位断面を考えると，はじめ x から $x+dx$ の間に分布していた電子数 ndx は，$x+\xi$ から $x+dx+\xi+(d\xi/dx)dx$ の間，すなわち $dx+(d\xi/dx)dx$ の幅をもって分布することになる。この場合，分布の形は変わるが分布の前後における総数は保存されるから

$$ndx=(n+dn)\left\{dx+\left(\frac{d\xi}{dx}\right)dx\right\} \tag{13.8}$$

これより，$dx \gg (d\xi/dx)dx$ として

$$dn=-n\frac{d\xi}{dx} \tag{13.9}$$

となる。

ここで，電子群の変位によってイオン群との差により図 13.4 に示すような電界 E が発生する。ここでイオン密度はもとのままで，電子の密度 n は分布

の変化によって $n+dn$ となることを考えると，ポアソンの方程式はつぎのようになる．

$$\frac{dE}{dx}=\frac{e}{\varepsilon_0}\{n-(n+dn)\}=-\frac{e}{\varepsilon_0}dn \tag{13.10}$$

ここで，上式に式 (13.9) を代入して積分し，$\xi=0$ で $E=0$ を考慮すれば

$$E=\frac{en}{\varepsilon_0}\xi \tag{13.11}$$

電子群は負の方向に eE なる力を受ける．電子が中性分子に衝突して受ける抵抗力を無視すれば，つぎの運動の方程式が成り立つ．

$$m_e\frac{d^2\xi}{dt^2}=-eE=-\frac{e^2n}{\varepsilon_0}\xi \tag{13.12}$$

この解は

$$\xi=A\sin\omega_e t \tag{13.13}$$

$$\omega_e=\sqrt{\frac{e^2n}{\varepsilon_0 m_e}} \tag{13.14}$$

ここで，ω_e は電子の角周波数である．そこで，電子の振動周波数を f_e とすれば，$\omega_e=2\pi f_e$ となるため

$$f_e=\frac{\omega_e}{2\pi}=\frac{1}{2\pi}\sqrt{\frac{ne^2}{\varepsilon_0 m_e}} \tag{13.15}$$

上式より，e, m_e, ε_0 の数値を代入し，n を $1\,\mathrm{cm}^3$ あたりの電子密度とすれば

$$f_e=9.0\times 10^3\sqrt{n} \quad [\mathrm{Hz}] \tag{13.16}$$

となり，$n=10^{10}\,\mathrm{cm}^{-3}$ に対して，約 $f_e=1\,000\,\mathrm{MHz}$ となる．

13.3 プラズマの発生

13.3.1 グロー放電プラズマ

11章のグロー放電で詳しく説明したように，直径数 cm のガラス管の両端に電極を封入し，圧力数 Torr のガスを封入した後，電極間に直流高電圧を印加して，放電管に数十 mA の電流を流すと，管内は発光する．管内で一様に発光する部分は陽光柱プラズマである．

この場合，ガス圧 0.1～10Torr，放電電流 100mA 程度で 10^8～10^{12} 個のプラズマを発生することができる。このようにして発生したプラズマは，各種照明用放電管，ガスレーザ，プラズマディスプレイなど，幅広く応用されている。

13.3.2 パルス放電プラズマ

直流放電陽光柱プラズマにおいては，プラズマの密度が放電電流によって決まるため，高密度のプラズマを生成するためには，大電流が必要となる。大電流を直流的に流すと，電極が加熱され，グロー放電からアーク放電に移行してしまう。アーク放電では電極の熱による消耗が著しく，電極の劣化をまねく。そこで，パルス状の放電を発生させることにより熱の発生を防ぎ，高密度のプラズマを得ることができる。このような方法で得るプラズマを**パルス放電プラズマ**（pulse discharge plasma）と呼ぶ。

13.3.3 アフターグロープラズマ

直流放電の電源を遮断した直後ないしはパルス放電休止期間中は，プラズマ自身はただちに消滅するわけではなく，プラズマの密度と温度は徐々に減少していく。このときのプラズマは，電磁界が印加されていないため，静かなプラズマが得られ，**アフターグロープラズマ**（afterglow plasma）と呼ばれる。

13.3.4 アーク放電プラズマ

12 章で取り扱ったように，グロー放電の電流をさらに増加させていくとアーク放電に達するが，アーク放電はグロー放電に比べて電流が大きいだけ密度が高くなる。低圧アーク放電では，密度は $10^{16}\,\mathrm{cm}^{-3}$，高圧アーク放電で密度は 10^{18}～$10^{22}\,\mathrm{cm}^{-3}$ に達する。温度はグロー放電より低く 10^4K である。

13.3.5 高周波放電プラズマ

11 章で述べたように，平行平板電極の両極に 13.56MHz の高周波を印加すると，高周波放電（RF 放電）が発生し，電極間はプラズマで満たされる。高周波の印加方法としては，図 11.13 に示すように L 結合形と C 結合形に分類されるが，L 結合形の場合は放電管にインダクタンスをおいて電磁波をつくり，また，C 結合形の場合は，図のように放電管の周囲に高周波電極をつく

り，高周波を印加する．いずれにしても，このような方法で発生したプラズマは，直流放電プラズマと温度や密度が異なる．

13.3.6 熱電離プラズマ

9章で述べたように，原子・分子は高温になると相互に衝突して，熱電離を起こす．この場合，通常の気体であると，少なくとも6 000 K以上の高温に気体を加熱する必要がある．前述のアーク放電で，プラズマ自身が高温になるため熱電離が発生し，以下で述べる衝撃波プラズマも熱電離に相当する．プラズマジェット装置も**熱電離プラズマ**（thermally ionized plasma）の例である．一方，MHD発生や，電離作用を促進するために，電離電圧の低い物質をそれより高い仕事関数の高温の金属に当てて電離を起こすものもある．

13.3.7 衝撃波プラズマ

図13.5に示すように，ダイヤフラムを境界として，高圧の気体の部分と低圧部に分け，高圧部の圧力を増加させていくと，ついにはダイヤフラムが破れて高圧部の気体が低圧側に進行するときに衝撃波が発生する．このとき衝撃波の速度 v_s が音速 a と比べた場合，$M = (v_s/a)$ を**マッハ数**（Mach number）という．

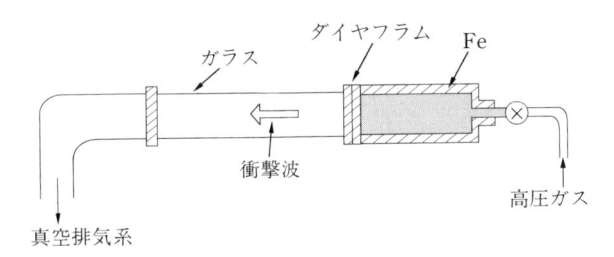

図13.5 ダイヤフラム破裂による衝撃波の発生

M の値が大きくなると低圧部の気体が加熱されて温度が上昇して，ついには熱電離が発生し**衝撃波プラズマ**（shock wave plasma）を生成することができる．しかし，熱電離を起こすためには，かなりのマッハ数が必要となるため，通常はほかの手段でプラズマを生成し，衝撃波はプラズマの加熱に用いられる．

13.4　プラズマの診断

前節までに述べたように，プラズマといってもその温度・密度そのほかのプラズマパラメータの値が，プラズマの種類によって非常に異なっている。そこで，プラズマ中の**プラズマパラメータ**（plasma parameter）を測定することを**プラズマ診断**（plasma diagnosis）と呼んでいる。ここでは，それらのうち代表的な**プローブ法**（probe method）を説明する。

プラズマ中に小さな電極（プローブ）を挿入し，そのプローブの電圧・電流特性からプラズマパラメータを測定する方法をプローブ法という。

いま陽光柱プラズマに図 13.6 のように白金またはタングステンのプローブを挿入し，電圧・電流特性を調べると図 13.7 に示すようになる。

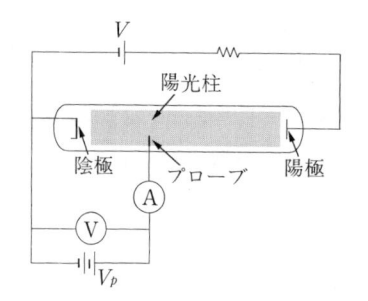

図 13.6　プローブの接続

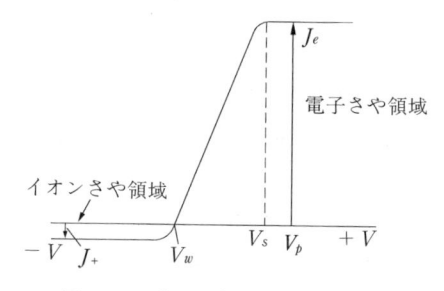

図 13.7　プローグの電圧・電流特性

いま，プローブの電位を V_p，**プラズマの空間電位**（space potential）を V_s とする。$V_p \ll V_s$，すなわちプローブの電位がプラズマの電位より非常に低い領域では，プローブの周囲にはプラズマ中のイオンが集まり，イオンの空荷電荷層を形成する。この電荷層をイオンさやと呼んでいる。そこでさやの厚さを d とすれば，この空間はちょうど二極真空管に相当し，さやに入ってくるイオンの電流密度 J_+ と，さやにかかる電位差 V_{ps} との間にはつぎのようなチャイルド-ラングミュアーの式が成立する。

$$J_+ = \frac{8}{9}\varepsilon_0 \sqrt{\frac{e}{2m_+}} \frac{V_{ps}^{\frac{3}{2}}}{d^2} \tag{13.17}$$

13.4 プラズマの診断

プラズマにおいては，J_+ がプラズマ中の任意の仮想的平面に，イオンの熱運動によって入ってくる数であり，次式で与えられる。

$$J_+ = \frac{1}{4} en_+ v_+ = \frac{1}{4} en_+ \sqrt{\frac{8}{\pi} \frac{kT_+}{m_+}} \tag{13.18}$$

そこで，V を変えても，J_+ が上式によって一定におさえられ，さやの厚さ d がそれに比例して変わる。その結果，プローブには電圧 V に関係なく飽和イオン電流が流れる。

つぎにプローブの電位 V_p がプラズマの電位 V_s よりは低いが，その差が小さくなっていった場合について考えよう。この場合は，もちろんイオンさやが存在するが，プラズマ中で非常に活発な電子がさやの電界の反発力に抗して，プローブに飛び込んでくる。このとき，プローブ表面における電子密度 n_{e_l} は空間におけるボルツマン分布則によって決定される。

$$n_{e_l} = n_e e^{\frac{eV}{kT_e}} \tag{13.19}$$

そこで，プローブに達する電子の電流密度は

$$J_e = \frac{1}{4} n_{e_l} e v_e = \frac{1}{4} n_e e v_e e^{\frac{eV}{kT_e}} \tag{13.20}$$

したがって，電極に到達する全電流は次式となる。ただし，プローブの表面積は 1 cm² と仮定する。

$$J = -J_+ + J_e \tag{13.21}$$

さらに，プローブの電圧を増加させていくと，プローブに入り込むものは電子だけとなり，つぎのような飽和電子電流 J_e が流れる。

$$J_e = \frac{1}{4} en_e v_e = \frac{1}{4} en_e \sqrt{\frac{8}{3} \frac{kT_e}{m_e}} \tag{13.22}$$

そこで，式 (13.20) において，その対数をとれば

$$\log J_e = 定数 + \left(\frac{eV}{kT_e}\right) \tag{13.23}$$

なる関係があるから，$\log J_e$ と V は直線関係が成り立つ。したがって，その勾配は e/kT_e となり，T_e が求められる。つぎに J_e の測定値と式 (13.22) に T_e を代入し電子密度 n_e が求められる。プラズマ中では $n_e = n_+$ であるので，

イオン密度 n_+ も求められる．つぎに式 (13.18) の n_+ と J_+ より T_+ が求められる．また，V_s は図 13.7 のように飽和電子電流の変曲点より求められる．このように，たった1本のプローブの電圧・電流特性を測定することにより，プラズマ中の T_e, T_+, n_e, n_+, V_s などのプラズマパラメータが比較的簡単に求められる．

シングルプローブ法においては，電極の電位を基準としてプラズマの電位を電極の電位差に応じた電流を測定していくため，プラズマの電位が揺らぐようなプラズマに対しては測定誤差を生じる．そこで，このような欠点を補うために，プラズマ中に2本のプローブを挿入し，その電圧・電流特性からプラズマパラメータを得る方法を**ダブルプローブ法**（double probe methode）という．

プローブ法はプラズマ中に，このようにプローブを挿入することによってプラズマ中のプラズマパラメータを比較的簡単に測定できる点と，プローブが挿入された局所的な場所におけるプラズマパラメータを測定できるなどの利点を備えている．

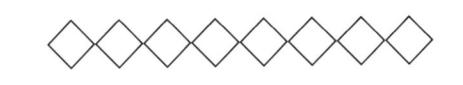

14 放電・プラズマの応用

14.1 概　　　説

　前章までで，いろいろな放電現象について基礎的な事柄について学んできた。放電現象は，照明用放電管から核融合に至るまで，その応用も多岐にわたっている。古くはレントゲンがＸ線を発見したのも，真空放電の研究中であり，以来多くの応用分野が開かれてきた。ここでは，これらのうち比較的広範囲に応用されている分野を選び，それらの応用例について学ぶことにする。

14.2　照明用放電管

14.2.1　蛍　光　灯

　蛍光灯（fluorscent lamp）の基本的な構造を図 14.1 に示す。円筒のガラス管の両側に電極が封じてあり，ガラス管の内壁には蛍光塗料が塗布してある。電極には電子放出をする各種酸化物を塗布したタングステン製の 2 重コイルが使用されている。管内には水銀のほかに数 Torr のアルゴンが添加された低圧水銀蒸気放電管である。

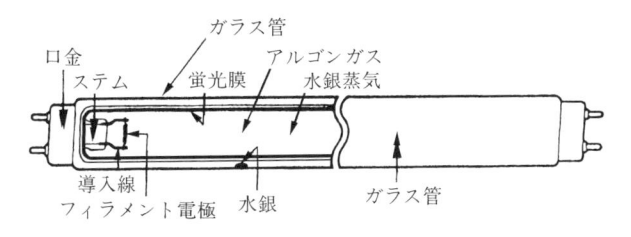

図 14.1　蛍光灯の構造[14)]

図 14.2 に水銀の温度と蒸気圧との関係を示す。水銀は常温では液体であるため、蒸気圧が非常に低い。そのため放電点灯時には水銀は放電しないでアルゴンが放電し、温度が上昇して水銀の蒸気圧が高まるとペニング効果によって、アルゴンの準安定原子が水銀原子に衝突して水銀を電離する。さらに温度が上昇してくると管内は水銀蒸気で満たされて、放電の主流はアルゴンから水銀に移行する。このとき水銀の放電で放射されるおもなスペクトルは波長 254 nm の紫外線であり、それがガラス管内壁の蛍光体にあたると可視光に変換される。

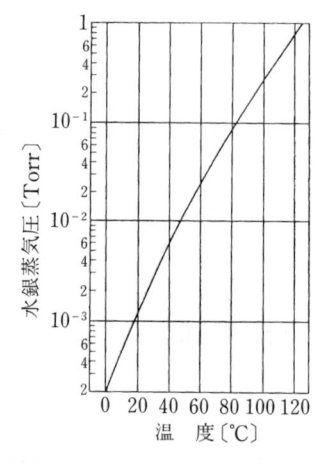

図 14.2 水銀の温度と飽和蒸気圧

図 14.3 に蛍光灯の発光スペクトル分布を示す。蛍光灯は熱陰極放電管であるから、陰極降下領域の電圧は非常に小さく、およそ気体の電離電圧程度である。したがって、管内はほとんど陽光柱プラズマであるといえる。蛍光灯を長

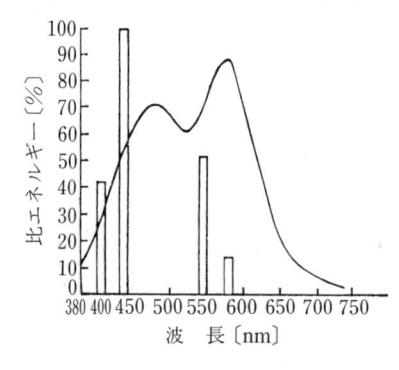

図 14.3 蛍光灯の発光スペクトル分布（昼光色）[15]

く使用していると，電極の近傍が黒ずんでくるのが観察される。この現象はスパッタリング現象と呼ばれる。正イオンがフィラメントに衝撃し，その構成分子がたたき出され，それが近くの壁に付着して黒化する現象である。ガラス管表面のこの金属薄膜はガスを吸着する性質があり，ガス圧が減少して放電管の寿命を縮める。

14.2.2 高圧水銀ランプ

図 14.4 に高圧水銀ランプ（high pressure mercury lamp）の構造を示す。図に示すように，内側の発光管と外管による二重構造となっている。発光管は石英ガラスでできており，その内部には一対のタングステン製の主電極と補助電極が取り付けられている。また，発光管の内部には，水銀とアルゴンが封入してある。

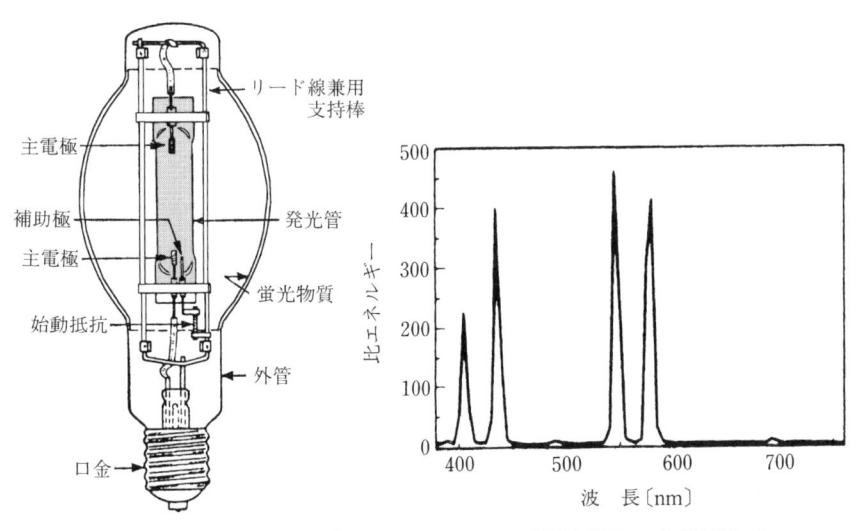

図 14.4　高圧水銀ランプの構造[16]　　図 14.5　高圧水銀ランプ（H 形）の発光スペクトル分布[16]

高圧水銀ランプの放電開始には，まず主電極と補助極の間でグロー放電を起こす。このグロー放電によって生じた荷電粒子が種火となって，主電極の間でアーク放電が発生する。このアーク放電によって発生する熱のために管内の温度が上昇し，それに伴って水銀の蒸気圧が上昇していく。このとき，アルゴン

と水銀のペニング効果によって水銀が電離する。

やがて管内に封入してある水銀はすべて蒸発し，10^5〜10^6 Pa（1〜10気圧）に達する。高圧水銀ランプではおもなスペクトルは，405，436，546，577，579 nm の可視光と紫外線から形成されている。図 14.5 に透明高圧水銀ランプのスペクトル特性を示す。400 W の透明形高圧水銀ランプの光束は 21 000 lm，効率は 54 lm/W が得られている。

14.2.3 メタルハライドランプ

図 14.6 にメタルハライドランプ（metal halide lamp）の構造を示す。管球には石英ガラスが使用されている。電極としてはタングステンまたはトリウム入りタングステンが使用されている。放電管内の気体としては，水銀と始動用のアルゴンに金属ハロゲン化物が使用されている。ここで，水銀の蒸気圧は 1〜100 atm，アルゴンの蒸気圧は約 20 Torr 程度であり，ハロゲン化物としては NaI（ヨウ化ナトリウム）と ScI_3（ヨウ化スカンジウム）が目的の発光スペクトルに応じて使用される。

ヨウ化物が特に使用されるのは管球の石英ガラスと反応しないためである。また，ハロゲン化物の蒸気圧を高くするために，同じ電力の水銀ランプより小

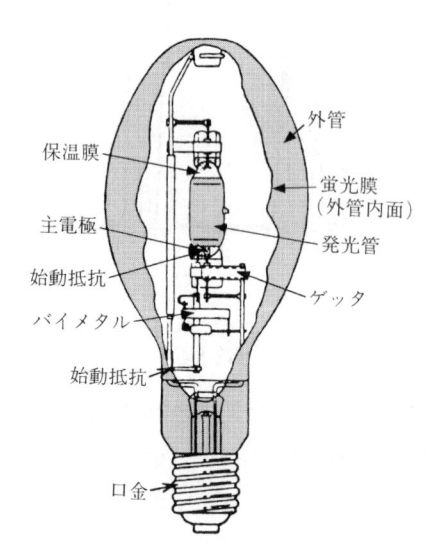

図 14.6　メタルハライドランプの構造[16]

形にし，管壁の温度が高くなるように設計されている．図 14.7 に示すように，一般にハロゲン化物の蒸気圧は，同じ金属の蒸気圧よりも非常に高くなるため，1 000 ℃ 以下の温度で発光に必要な蒸気圧が得られる．

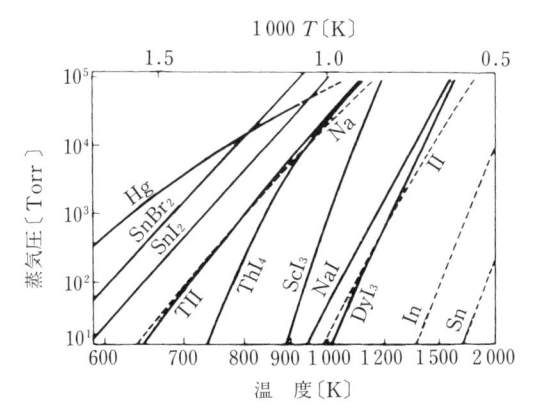

図 14.7　金属ハロゲン化物の蒸気圧[16]

点灯中のハロゲン化物の蒸気圧は数 Torr であるが，水銀に比べて励起準位が低いため，発光スペクトルのおもなものはハロゲン化物のスペクトルとなる．Sc のスペクトル線は，Hg のスペクトルと比較して非常に多い．

図 14.8 に代表的なメタルハライドランプの発光スペクトル分布を示す．メタルハライドランプは，ハロゲン化物が固溶体から蒸気になるまでの時間がか

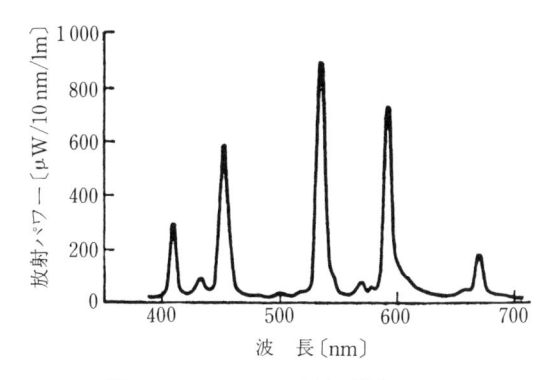

図 14.8　メタルハライドの発光スペクトル分布（Na-TlI-InI$_3$）[16]

かるため，点灯・消灯の応答が悪い．このため，家庭用の照明には不向きであり，あまりオン・オフをしない公園，街路や店内の照明灯用に使われる．

14.2.4　ナトリウムランプ

図 14.9 に**低圧ナトリウムランプ**（low pressure sodium lamp）の構造を示す．図に示すように内側の U 字形の発光管と，外側の外管によって構成されている．発光管の内壁の数箇所にわたってガラスが突起しており，その部分に冷却されたナトリウムが吸着する構造となっている．

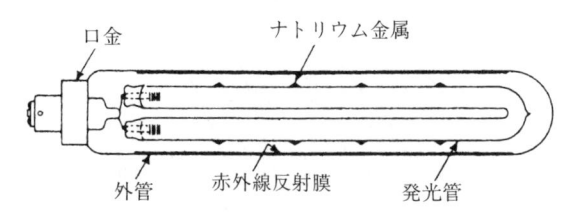

図 14.9　低圧ナトリウムランプの構造[16]

また，水銀ランプと同じように，常温ではナトリウムの蒸気圧が低いため，初期放電をしやすくするために，ペニングガスである少量のアルゴンとネオンが添加されている．また，動作時の発光効率が最高になるように，蒸気圧は $0.5\mathrm{Pa}(4\times10^{-3}\,\mathrm{Torr})$ に設計されており，器壁の温度が 260°C に相当する．低圧ナトリウムランプの発光スペクトル分布を図 14.10 に示す．

このスペクトルは人間の視感度の最高範囲にあるため発光効率は，いろいろなランプの中で最大である．演色性を問題としない道路や，トンネルの内部の

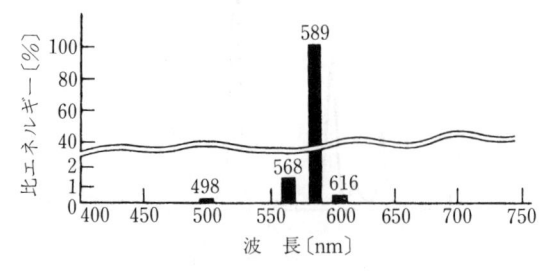

図 14.10　低圧ナトリウムランプの発光スペクトル分布[16]

照明灯に使用されている．

14.2.5 キセノンランプ

図 14.11 にショートアーク形の**キセノンランプ**（xenon lamp）の構造を示す．図で示すように，石英ガラスの内部に，陽極と陰極を封入し，キセノンガスを 2〜3 MPa の高圧で封入してある．この形のランプの発光スペクトル分布を図 14.12 に示す．

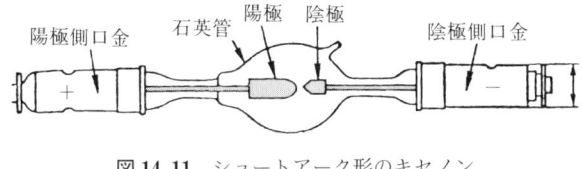

図 14.11 ショートアーク形のキセノンランプの構造[16]

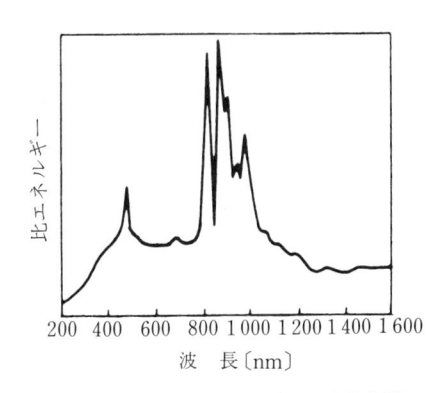

図 14.12 キセノンランプの発光分布[16]

このように，波長の分布は紫外線領域から可視領域にいたる連続スペクトルで，また発光状態は点光源に近くかつ輝度が非常に高いのが特徴である．このうち，出力の小さいランプは標準白色光源用に，また，出力の大きいランプは映写用光源として使用されている．

14.3 ガスレーザ

14.3.1 レーザ光の特色

日常われわれの目に入る太陽の光は，プリズムで分光すると多くの波長を含んでいる。また，その位相もバラバラであり，遠くにいくに従って広がる性質がある。これに対して**レーザ光**（laser light）は，波長は特定の波長で，しかもその位相がそろっており，遠くにいってもそれほど広がらない。このような性質はまとめて，**コヒーレント**（coherent）な性質と呼ばれる。一方，自然の光は**インコヒーレント**（incoherent）な性質であると呼ばれる。

14.3.2 光の放出と吸収

図 14.13 に示すように，ある分子または原子の基底状態のエネルギー準位を E_0，励起状態の分子の種類に固有のエネルギー準位をそれぞれ E_1, $E_2 \cdots$ とし，最外殻電子が E_2 準位より E_1 準位に落ちた場合，エネルギーの差は，外部に光となって放射される。このときの光の振動数を ν_{21} とすれば

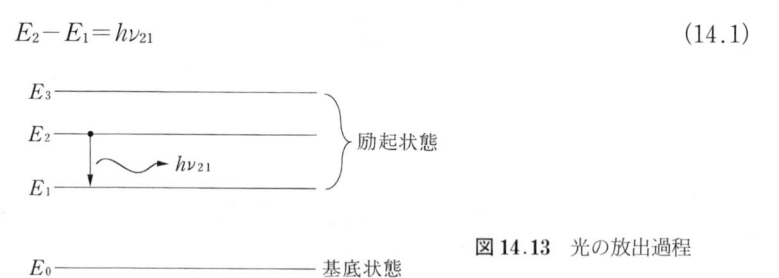

$$E_2 - E_1 = h\nu_{21} \tag{14.1}$$

図 14.13 光の放出過程

一方，振動数 ν_{20} なる光が，基底状態の原子に衝突し，そこで吸収されるとき，原子内の最外殻電子は基底状態より励起状態に励起される。このとき，光のエネルギー $h\nu_{20}$ は電子のエネルギー準位が E_0 から E_2 に移行する励起に消費されることになる。このように光のエネルギーが原子に吸収されて電子が励起される過程を，**誘導吸収**（induced absorption）と呼び，次式が成立する。

$$h\nu_{20} = E_2 - E_0 \tag{14.2}$$

このように，光の放射と吸収は，相反する現象であり，光が発せられる太陽

光やプラズマや炎などの中では，絶えず光の放射と吸収が繰り返されている．

14.3.3 誘導放出

一般に，高いエネルギー準位から低いエネルギー準位に電子が自然に遷移したときに，光を放射する過程を**自然放出**（spontaneous emission）と呼んでいる．自然放出では，それぞれの原子から放射される光のタイミングは，**図 14.14** に示すようにそろっていないため，たとえ波長が同じでも位相としてはそろっていない．

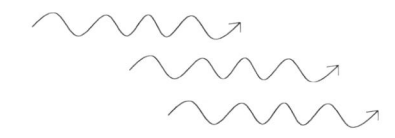

図 14.14　自然放出による光

そこで，いま**図 14.15** に示すように，ある励起状態の原子に，特定の波長の光が衝突した場合，励起状態の電子は入射光に刺激され，誘導された形でより低い状態に遷移する．このとき放射される光の位相は，入射光の位相に一致する．この現象を**誘導放出**（induced emission）と呼んでいる．

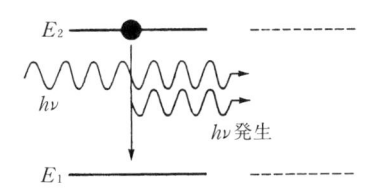

図 14.15　誘導放出

このとき放射される光量子が，そのつぎの励起状態の原子につぎつぎに衝突して誘導放出を起こせば，放射される光量子は衝突前の光量子とつぎつぎと重なり，光の増幅が起きる．このような増幅が発生するためには，多くの励起状態の原子が存在することが必要である．また，それを実現するためには，以下で述べる反転分布が必要となる．

14.3.4 反転分布

地球上の空気の密度の分布状態を調べると，低い所から高い所に行くに従って薄くなっていくことが知られている．これと同じように各励起準位にある粒

子の分布状態は**図 14.16** で示すように，ポテンシャルの一番低い所で最大で，エネルギーが高くなるに従ってその数が減少している．このような分布を**ボルツマン分布**（Boltzmann distribution）と呼んでいる．

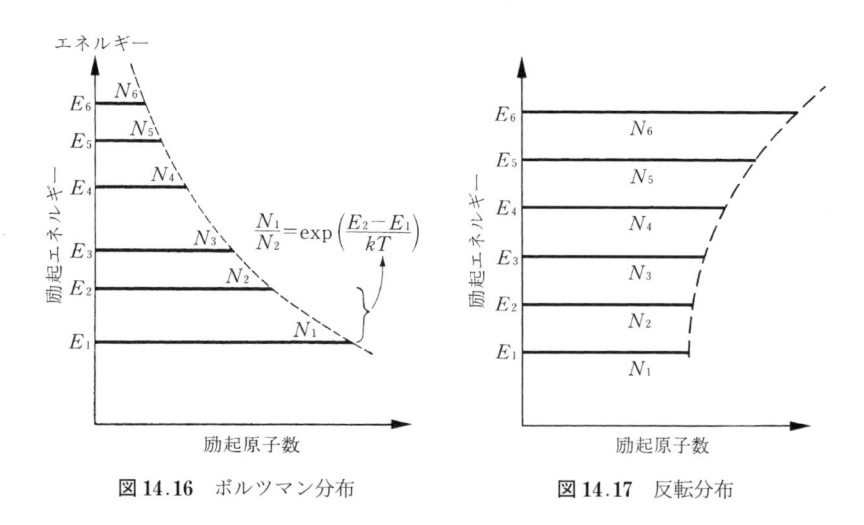

図 14.16 ボルツマン分布

$$\frac{N_1}{N_2} = \exp\left(\frac{E_2 - E_1}{kT}\right)$$

図 14.17 反転分布

プラズマ中の励起状態の原子の密度分布も通常は，エネルギーが高くなるに従って減少するボルツマン分布則に従っている．レーザ作用を実現するためには，光量子が低い励起状態の原子に衝突するよりも，高い励起状態の原子につぎつぎに衝突を起こし，誘導放出が雪崩的に発生する必要がある．

このように，自然界とは逆に**図 14.17** に示すようにエネルギー準位が高いほど密度が多くなる分布を**反転分布**（population inversion）と呼んでいる．

14.3.5 レーザの構成要素と増幅・発振

図 14.18 にレーザ作用を実現するための基本構成図を示す．レーザ発振には He-Ne の混合ガス，Ar ガス，CO_2 ガス，金属蒸気ガスなどが利用される．これらの気体が封入された放電管の両極より，高電圧もしくは高周波によって放電を起こし，気体中に多くの荷電粒子と励起原子をつくる．なんらかの作用で励起原子の密度に反転分布を起こさせることが必要であり，この作用のことを**ポンピング**（pumping）と呼ぶ．

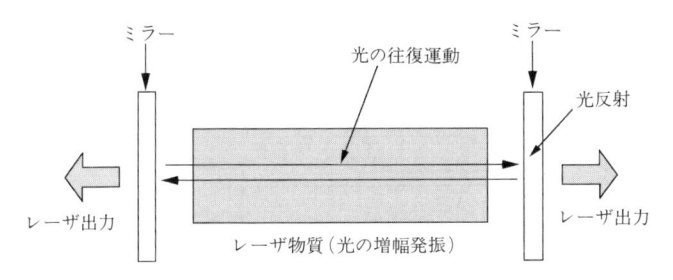

図14.18 レーザ作用の基本構成図

例えばHe-Neレーザの場合のポンピングは，Heの準安定原子によってNeを高い準位へ励起する作用によって実現する．つぎに，反転分布が起きると，放電管の両端に二つのミラーを設置して，光の往復運動をさせて，放電管中で光増幅作用を起こし，ついには光の発振をさせる．そこで，このミラーのことを共振器と呼んでいる．

さて，光増幅作用が軸方向にわたってつぎつぎに発生すると，光量子の数は雪崩的に増加し，外部に設置してあるミラーに衝突して反射する．このとき，一部エネルギー損失があるが，反射後再び反対の軸方向に光が進み，光増幅作用を行う．この光増幅作用がつぎつぎに起きて，光量子の発生数が損失数より大きくなれば，レーザ発振が実現することになる．

14.3.6 He-Ne ガスレーザ

ガスレーザとして最初に連続発振をしたものであり，出力は小さいが安定しており，おもに赤色のレーザ光を放射する．図14.19にHe-Neレーザ用の放電管を示す．

陰極には冷陰極が使用されている．放電管の直径は数mmのものが使用される．これは，放電管の管半径を細くすると，電子密度と電子温度が飛躍的に増加し，レーザ発振に必要な条件がそろってくるためである．ガス圧は数Torrで使用される．使用する気体はHeとNeの混合ガスであり，レーザ光としてはNeガスからのスペクトルであるが，HeはNeの励起準位間で密度の反転分布を起こさせるためのポンピング作用の実現のため添加されている．図14.20にHeとNeのレーザに関するエネルギー準位図を示す．

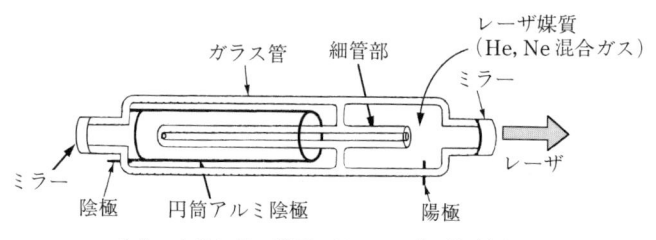

14. 放電・プラズマの応用

(a) 内部ミラー形 He-Ne レーザの構造例

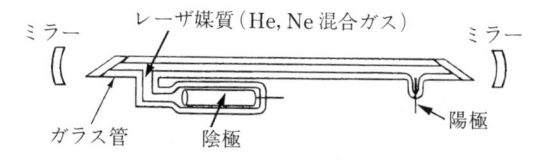

(b) 外部ミラー形 He-Ne レーザの構造例

図 14.19 He-Ne レーザ管[17)]

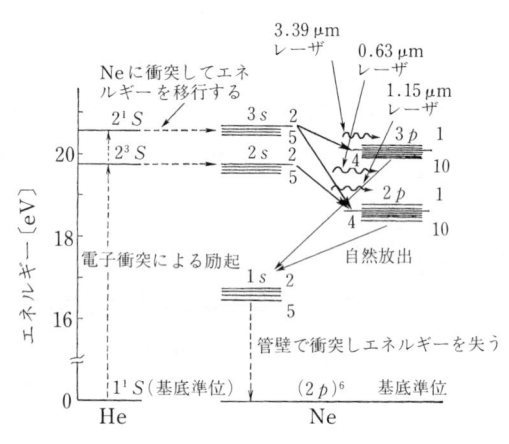

図 14.20 He-Ne のレーザに関するエネルギー準位[18)]

　図で示すように，He 原子には 2^1S_0 と 2^3S_1 という二つの準安定準位がある。Ne のエネルギー準位には，この He の準安定準位に非常に近いエネルギー準位で $3s_2$ と $2s_2$ の励起準位が存在するため，He の準安定原子が Ne 原子と衝突したとき，Ne のこれらの励起準位に選択的に励起させる。
　その結果 Ne 中において，$3s_2$ 準位と，$2s_2$ 準位のレベルに励起された原子が

多くなるとともに，これらのレベルにいる寿命が 10^{-7} s と下準位の $3p_4$, $2p_4$ より寿命が長いため，これらとの間で反転分布が発生する。このとき，レーザ発振によって生じる波長は，$3s_2 \rightarrow 3p_2$ ($\lambda = 3.39\,\mu$m)，$3s_2 \rightarrow 2p_2$ ($0.63\,\mu$m) の赤色発振，$2s_2 \rightarrow 2p_2$ ($1.15\,\mu$m) の近赤外線である。

14.4 プラズマディスプレイ

14.4.1 交流放電形プラズマディスプレイ

交流放電形プラズマディスプレイ（AC-PDP）の基本的構造を**図 14.21** に示す。電極が 2 種類あり，それぞれの電極が x 軸方向，y 軸方向に行・列（マトリックス）の形で配列されており，マトリックスに電圧がかかり，電位差の大きい交点部分が放電する構造となっている。一つのセルを取り出してみると**図 14.22** に示すような構造となっている。

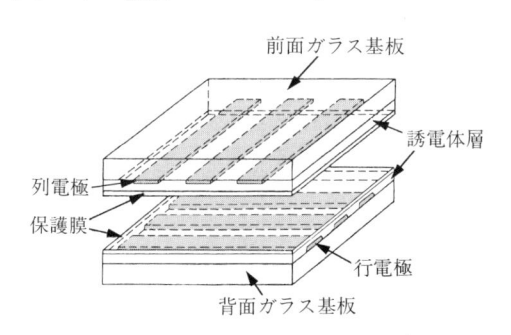

図 14.21 AC-PDP の基本構造[19]

このように，放電空間は二つの電極の内側にある誘電体層に挟まれた構造となっている。誘電体層の間隔は 0.1 mm 程度で，図に示すようにそれらはシール用ガラスによって支持されている。また，誘電体層が放電中，発生するイオンによって影響を受けないために保護層として **MgO 膜**（MgO film）がつけられている。

MgO 膜は，イオン衝撃による劣化の防止のほかに，仕事関数が低いため，放電開始電圧を下げる効果も発揮する。封入してある気体は Ne と Xe，Ne と Ar の混合ガスが使用されている。誘電体層の間隔が狭いため，通常の放電

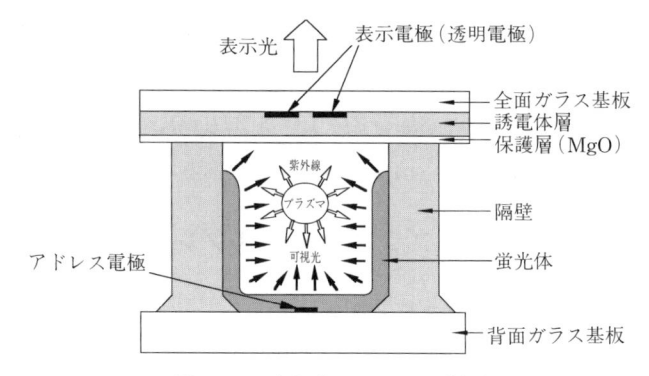

図 14.22 AC 形 PDP のセル断面

管で使用されるガス圧より高い数百 Torr のガス圧が封入されており，放電開始電圧をできるだけ低くしてある．通常の発光色は Ne の赤橙色，動作電圧は 90〜150V，輝度は 150〜250 cd/m^2 である．

14.4.2 直流放電形プラズマディスプレイ

直流放電形プラズマディスプレイ（DC-PDP）の構造を図 14.23 に示す．電極の配置がマトリックス状になっているのは AC-PDP と同じであるが，DC-PDP の場合には電極の間で直流放電をさせるため，AC-PDP のように誘電層膜は存在しない．

ここで電極などは微細構造のため，印刷技術によって取り付けられている．また放電セルと放電セルの間は絶縁物の隔壁によって仕切られている．用いる

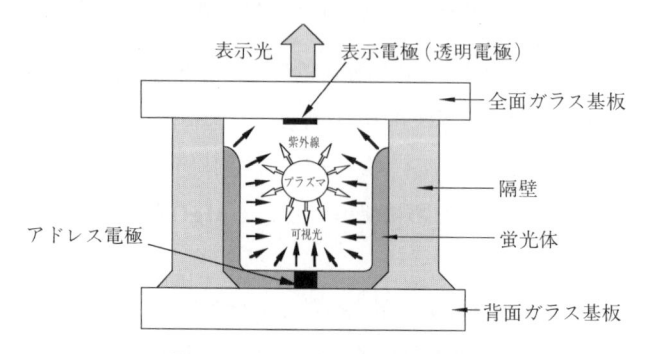

図 14.23 DC 形 PDP のセル断面

気体は，Ne を主体とした気体で圧力 100〜400Torr，陰極のイオンによるスパッタリングを防止するため，Hg が添加されている。DC-PDP の動作電圧は 180〜250V で，駆動回路には高耐圧の MOSIC などが使用されている。

14.5 プラズマプロセッシング

14.5.1 プラズマ CVD

図 14.24 にプラズマ CVD（plasma CVD）の代表的な装置を示す。図に示すように，平面電極が平行に置かれている。この形は平行平板形の容量結合方式と呼ばれ，通常電極の間隙は数 cm である。最初電極の間を真空にした後，反応気体を封入する。通常は使用する気体を流して使用する。低温プラズマを生成するために，電極間には，13.56MHz の高周波電圧を印加する。

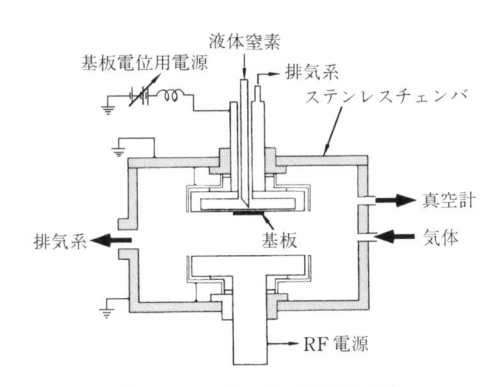

図 14.24　プラズマ CVD 装置

放電の状態については 11 章で勉強した。このとき，シラン（SiH_4）ガスを封入して放電すると，生成されたシリコン（Si）が基板上に堆積していく。この場合，一つ一つの Si 原子は熱運動しており，基板上に堆積していくとき生成される結晶はいわゆる結晶状態ではなく原子の間隔が不揃いな**非結晶（アモルファス**（amorphous））状態となって堆積する。この状態を図 14.25 に示

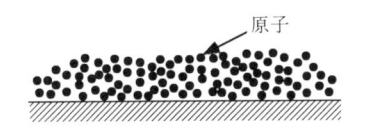

図 14.25　アモルファス状態

す.このようなアモルファス状態では,光が入射した場合,原子層内で乱反射するために,光のエネルギーがよく吸収されることになる.そこで,それを応用して太陽電池がつくられている.

14.5.2 プラズマ重合

グロー放電中のプラズマを利用して,有機化合物から高分子の**薄膜**（**重合膜** (polymer film)）を作る方法を**プラズマ重合**（plasma polymerization）と呼ぶ.プラズマ重合によく使用される装置の概略を図 14.26 に示す.

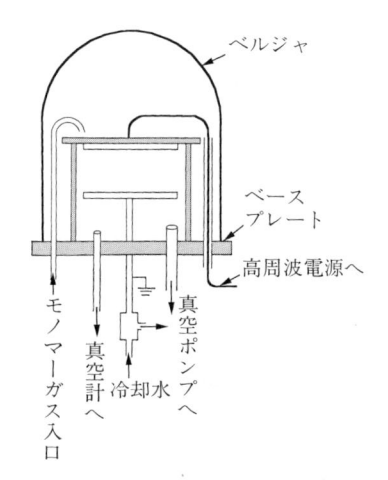

図 14.26 プラズマ重合装置

いま,原料となるエチレン（C_2H_4）やスチレン（C_8H_8）などのような有機物の**モノマー**（monomer）を反応漕中に導入し,キャリヤガスとしてアルゴンを使用する.そこで高周波放電を発生させ,アルゴン中の励起粒子によってモノマーと間接的に活性化を行い,これらをより下流の基板上に堆積させる方法がある.このとき,重合膜のできる堆積速度は,気体の圧力,気体の流量,

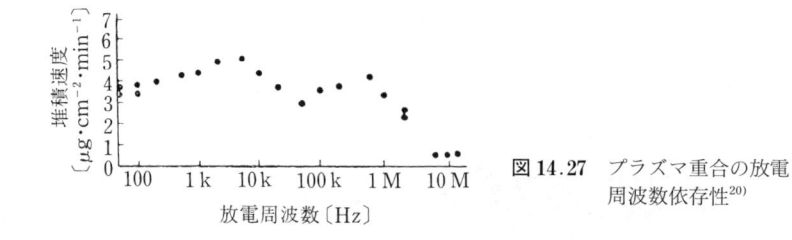

図 14.27 プラズマ重合の放電周波数依存性[20]

放電の周波数などに依存する。**図 14.27** には，放電の周波数によって重合膜の堆積速度の変化する様子を示す。

14.6 プラズマ溶射

通常の気体の燃焼温度は約 3 000 K 程度が限界であるため，その温度で溶けないようなセラミックスなどを基板に溶かしてコーティングするためには，より高温の加熱加工技術が必要である。プラズマ溶射技術はこのような要求を満たすものであり，新しい表面処理技術として利用されてきている。**図 14.28** には**プラズマ溶射**（plasma spraying）に利用する電子銃の構造を示す。

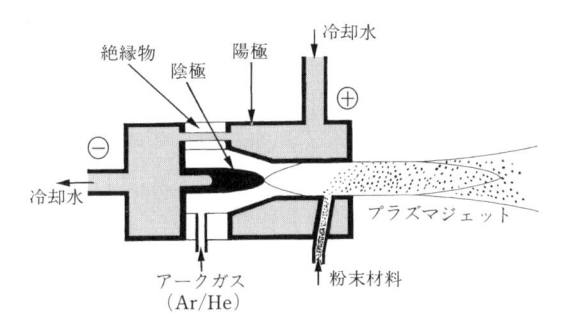

図 14.28 プラズマ溶射用電子銃

陽極と陰極で囲まれた空間がアーク放電空間となる。陽極には銅を用い，陰極にはタングステンが用いられる。このアーク放電空間に不活性ガスを導入口より流し込み，陽極，陰極間でアーク放電を起こすと，この空間はプラズマで満たされる。このとき，導入される気体の種類は，He，Ar，H_2，N_2 などが用いられる。

さて，プラズマ空間の出口に近いところから，いま溶射しようとする微粒子を流し込むと，微粒子はプラズマの温度が 5 000～12 000℃程度に達するため固体から液体状に溶けた状態となり，基板上に吹き付けられる。このとき，吹き付ける速度が非常に高速であるため，粒子の運動エネルギーが高くなり，基板上に衝突し，基板との結合力が強く，気孔の少ない膜が生成される。

14.7 スパッタ技術

14.7.1 スパッタ作用

古くなった蛍光灯の電極の近くのガラス管をよく見ると，黒ずんだ輪が観察される。これは，プラズマ中の正イオンが陰極に衝突し，そこから陰極物質がはじき出されてガラス管壁に付着し，そこで**堆積（デポジション（deposition）**）し薄膜を形成したのである。このように陰極物質が，正イオンによって放出されデポジションする現象は**スパッタ**（sputter）**作用**（スパッタリング作用と同じ）と呼ばれている。

さて，このようにしてできたガラス管壁上の金属薄膜は，放電管内の気体を吸着し，ガス圧を減少させるとともに陰極を劣化させるため，放電管の放電開始電圧や発光状態に悪い影響を及ぼす。そのため，長い間，電子管の製造もこのスパッタ作用に悩まされ続けてきた。しかし，ガラス管に薄膜が形成されるという作用を逆手にとって積極的に薄膜生成に応用し，現在では半導体をはじめ液晶表示装置などの製造に欠かすことのできない薄膜生成技術となっている。

14.7.2 スパッタ率

図14.29にスパッタ作用の原理を示す。プラズマ中では多量の正イオンと電子が発生するが，そのうち正イオンは，数百Vある陰極降下領域で加速され

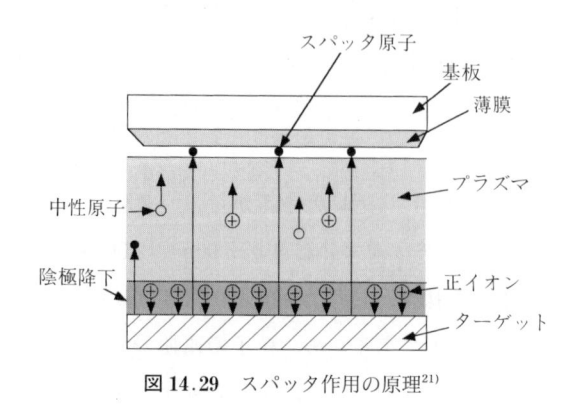

図14.29　スパッタ作用の原理[21]

て，陰極の**ターゲット**（target）に衝突する。このとき，ターゲットには薄膜となる材料源（ソース）を使用すると，ターゲットからスパッタした原子が放出し対向して配置してある基板上に薄膜を形成する。スパッタ作用として，**スパッタ率**（sputter efficiency）が定義される。

スパッタ率とは，ある加速電圧で正イオンを加速して陰極材料をスパッタしたときのイオン1個当り放出する原子数の割合で定義する。そこで，スパッタ率は，陰極に流す放電電流の値から正イオンの数を推定し，計測された薄膜の質量との比から求められる。スパッタ率の値は，ターゲットをたたくイオンのエネルギーの関数で，イオンの種類とターゲットの材料との組合せによって決まる。しかし，ある圧力の放電においては，スパッタ原子の**逆拡散現象**（back diffusion phenomenon）がある。逆拡散現象とは，陰極から放出されたスパッタ原子が途中の気体原子に衝突して跳ね返り，陰極に逆拡散する現象であり，逆拡散が起きるとスパッタ原子の一部しか基板に到達しないため，基板に推積する正味のスパッタ原子の量が減少する。逆拡散現象を取り除くためには，逆拡散が起きないような非常に低いガス圧を使用したり，非常に細い線状の陰極を使用する。

他方，γ作用はすでに学んだように，正イオンが陰極に衝突して電子を放出させる作用である。γ作用が起きると陰極に流れる電流には，正イオン電流の

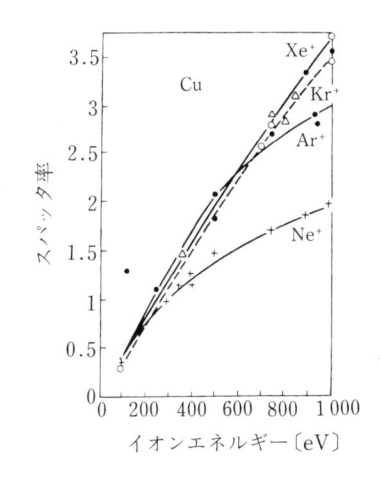

図14.30 各イオンに対するCuターゲットのスパッタ率[21]

他に電子電流が加算されるため，その分の補正が必要となる．**図 14.30** には，Cu をターゲットとしたときの種々の正イオンに対するスパッタ率を示す．

14.7.3 スパッタ装置

図 14.31 に**高周波スパッタ装置**の基本的構成を示す．図で示されたように，真空チェンバの中にターゲットと基板が平行して置かれ，チェンバを真空にするために真空排気系，チェンバに気体を導入するための気体導入系とプラズマを生成する高周波電源系から構成される．このほかマグネトロン放電を用いるマグネトロン放電式スパッタ装置が多く使用されている．

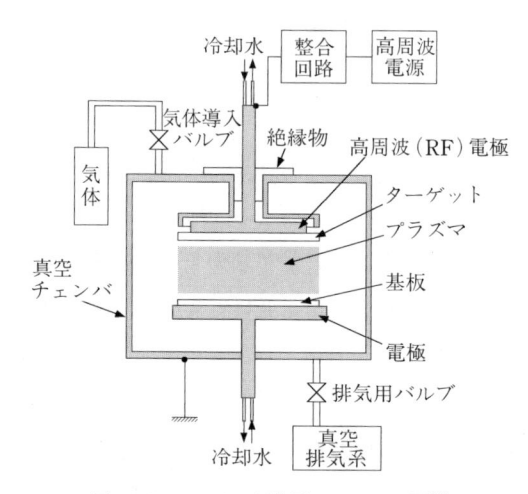

図 14.31 スパッタ装置のシステム図[21)]

図において，気体導入系から気体を導入し，高周波電源より高周波電圧を印加すると，基板とターゲットの間でプラズマが生成される．プラズマでは，正イオンと電子が多量に発生するが，そのうち正イオンがターゲット前面の陰極降下領域で加速させて，ターゲットを叩き，このとき放出される陰極物質が対向側の基板上に薄膜となって形成される．

参　考　文　献

1) H. Haken, H. C. Wolf：Atomic and quantum physics（Springer-Verlag）
2) 武田進：気体放電の基礎（東京電機大学出版局）
3) ゲワルトウスキー：基礎電子管工学 I（廣川書店）
4) 相川孝作：電子現象（朝倉書店）
5) Engel und Steenbeck：Gasentladungen Bd I（Berlin verlag von jolius springer）
6) E. Nasser：Fundamentals of gaseous ionization and plasma electronics（Wiley interscience）
7) A. von Engel：電離気体（コロナ社）
8) 金谷光一，飯島　歩：高電圧工学演習（槇書店）
9) 静電気学会：静電気学会誌　Vol.24, No.3（2000）
10) 電気学会：放電ハンドブック（上）（オーム社）
11) 本多侃士：気体放電現象（東京電機大学出版局）
12) J. D. Cobine：Gaseous conductors（Dover）
13) 後藤憲一：プラズマ物理学（共立出版）
14) 関重広：照明工学講義（東京電機大学出版局）
15) 照明学会：照明工学（オーム社）
16) 照明学会：ライティングハンドブック（オーム社）
17) 平井紀光：実用レーザ技術（共立出版）
18) 小林春洋：レーザ応用技術（日刊工業新聞社）
19) 松本正一：電子ディスプレイデバイス（オーム社）
20) S. Morita 他：J. Polym. Sci., Polym. Chem. Ed., Vol.17（1979）
21) 小林春洋：スパッタ薄膜（日刊工業新聞社）
22) 八田吉典：気体放電（近代科学社）
23) 堤井信力：プラズマ基礎工学（内田老鶴圃）
24) 大木正路：高電圧工学（槇書店）
25) 金田輝男他：電離気体の原子・分子過程（東京電機大学出版局）

索　引

あ

アイコノスコープ撮像管	11
アインシュタイン	7
──の関係式	146, 171
──の式	70
アーク放電	8, 187
アーク放電プラズマ	202
アーク放電領域	165
アストン暗部	166
アフターグロープラズマ	202
油拡散ポンプ	79
アボガドロ	4
アボガドロ定数	49, 121
アボガドロの法則	4
アモルファス	221
アリストテレス	3
アルゴンイオンレーザ	14
暗放電	12
暗流	149

い

イオンさや	181, 204
イグナイトロン	13
異常グロー	165
移動速度	143
移動度	9, 143
陰極	101
陰極グロー	166
陰極降下領域	166
陰極コロナ	154
陰極線	5
陰極線オシロスコープ	102
陰極点	187
インコヒーレント	214

う

ウィーン	7
──の変位則	7, 45

え

影像電荷	61
液体電子工学	2
エジソン	6
エジソン効果	6
エネルギー準位	59, 135
エネルギー等分配則	45
エネルギー保存則	3
MgO膜	219
エルスター	11
沿面放電	9, 12

お

岡部金次郎	12
オゾナイザ	160
オゾン収率	160

か

ガイスラー	4
ガイスラー管	81
階段励起	138
ガイテル	11
解離再結合	140
ガウスの定理	23
カウフマン	32
化学原子量	50
核外電子	48
拡散	144
拡散係数	9, 145
拡散速度	145
拡散レンズ	95
核融合プラズマ	14, 196
ガスレーザ	13
ガラス製水銀整流器	13
カルノー	3
完全黒体	44
完全弾性衝突	127
完全電離プラズマ	197

き

キセノンランプ	213
輝線スペクトル	55
気体エレクトロニクス	1
気体定数	120
気体電子工学	1
気体反応の法則	4
気体分子運動論	9
気体放電現象	8
基底状態	58, 135
逆拡散現象	225
キャベンディッシュ研究所	9
吸収係数	110
吸収	40, 110
強電離プラズマ	196
局部破壊	154
キルヒホッフ	42
──の放射法則	43

く

空間再結合	140
空洞放射	44
駆動電極	179
クラウジウス	3

索　　　引　　　229

クルックス	5	再結合	135,140	ショットキー効果	67
クルックス暗部	6,166	再結合係数	140	真空アーク放電	194
グロー放電	8	最大確率速度	122	真空遮断器	194
グロー放電領域	165	サイドオン方式	76	真空中の誘電率	17
クーロンの法則	17	サイラトロン	13	真空電子工学	2
		サハの式	135	真空ポンプ	78
け		サプライ陰極	66	ジーンズ	7
蛍光灯	207	作　用	57		
径方向電界	170	作用量子	57	**す**	
ゲイ・リュサック	4	酸化物陰極	65	水銀整流器	13,189
限界波長	70,116	三極真空管	11	ストーニー	4
原子核	48			ストリーマ放電	12
原子番号	49	**し**		スパッタ作用	179,224
		磁気量子数	51	スパッタ率	225
こ		磁気レンズ	97	スパッタリング現象	
高圧水銀ランプ	209	仕事関数	61		179,209
光　子	7	自己バイアス電圧	181	スピン量子数	51
格　子	101	自然放出	215		
高周波グロー放電	14	自続条件	152	**せ**	
高周波スパッタ装置	226	自続放電	152	正イオン密度	170
高周波放電	178	叱音アーク	193	正規グロー	165
高周波放電プラズマ	202	実効速度	123	静止質量	32
高真空技術	10	質量数	51	静止粉体塗装	157
光電管	11,68	質量保存則	3	静電偏向形ブラウン管	
光電感度	71	弱電離プラズマ	196	オシロスコープ	102
光電効果	7	シャドウマスク方式	108	静電レンズ	97
光電子増倍管	11,75	ジャパン	13	遷移域	166
光電子放出	68	自由行程	125	前期グロー	165
光電面	68	自由電子	60	線状コロナ	157
交流放電形プラズマ		重合膜	222	全衝突断面積	37
ディスプレイ	219	集束レンズ	95	全電離断面積	132
光量子	7	シュテファン・ボルツマン		全励起確率	136
国際原子量単位	51	定数	44	全励起断面積	136
黒　体	40	シュテファン・ボルツマン			
黒体放射	45	の式	44	**そ**	
固体電子工学	1	主量子数	51	掃引	108
コヒーレント	214	準安定準位	138	速度分布関数	121
ゴールドシュタイン	5	衝撃波プラズマ	203	損失係数	128
コロナ放電	10,12,154	衝突損失係数	128,175		
		衝突断面積	35,124	**た**	
さ		衝突電離	129	第一陽極	101
最外殻電子	59	衝突電離係数	10,133	堆積	224
サイクロイド曲線	90	衝突頻度	125	第二陽極	101

索引

ダイノード	75	電子顕微鏡	12,109	**な**	
ダイヤフラム形圧力計	81	電子工学	1	内部量子数	52
タウンゼント	9,133	電子銃	100	長岡半太郎	8,54
──の火花条件	151	電子ビーム	11,100	長岡模型	8
タウンゼント放電	165	電子ビーム加工	112	**に**	
タウンゼント-ラム		電子ビーム加工装置	113		
ザウアー効果	10	電子ビームの表面処理	118	二極真空管	11
ターゲット	225	電子ビーム表面処理システム		二次電子放出	74
ダッシュマン	62		118	二次電子放出係数	10
ダブルプローブ法	206	電子ビーム排ガス処理	117	二次電子放出電極	75
ターボ分子ポンプ	79	電子複写機	158	二次電子放出比	74
タレス	3	電子物理学	1	ニュートン	2
単原子層	64	電子密度	170		
炭酸ガスレーザ	14	電子レンズ	92	**ね**	
弾性衝突	74,127	電磁偏向形ブラウン管		ねじればかり	17
ち		オシロスコープ	102,106	熱陰極アーク	187
		電磁誘導作用	3	熱運動	60,121
チャイルド・ラングミュアー		電束密度	21	熱電子放出	62
	183,204	電離	59,129	熱電子放出効率	66
中性子	49	電離確率	131	熱電離	130,135
直流放電形プラズマ		電離真空計	83	熱電離プラズマ	203
ディスプレイ	220	電離断面積	131	熱放射	39
て		電離電圧	130	熱力学の第二法則	3
		電離能率	131	**は**	
低圧ナトリウムランプ	212	電離能率曲線の初期勾配			
低温プラズマ	14		133	倍数比例の法則	4
デバイ距離	197	電離頻度	172	ハイゼンベルグの	
デバイ半径	197	**と**		不確定性原理	37
デービィ	9			パウリの排他律	52,135
デポジション	224	同位元素	50	白色X線	115
デュエヌ-ハントの法則	116	透過係数	62	薄膜	222
テレビジョン受像管	12	特性X線	115	パッシェン	152
電位	20	ド・フォレスト	11	パッシェンの最小火花電圧	
──の傾き	24	ド・ブロイ波	38		153
電位差	20	トムソン	6,54	パッシェンの法則	152
電荷	16	──のスイカ模型	8,54	波動説	2
電界の強さ	18	ドライブ電極	179	ハル	12
電界放出	76	トリウム入りタングステン		パルス放電	10
電荷素量	6	陰極	63	パルス放電プラズマ	202
電気集塵装置	12,159	ドリュベステン	10	反転分布	216
電気負性ガス	142	ドルトン	4	万有引力	15
電子	5	トンネル効果	77	万有引力定数	15
──の静止質量	32				

索　　　引　　231

ひ

光電離	129, 134
非結晶	221
非自続放電	152
非弾性衝突	74, 128
ヒットルフ	4
ヒットルフ暗部	4
比電荷	26
火花電圧	152
火花放電	8, 12, 150
ヒュイッツ	13
表面再結合	140
ピラニーゲージ	81
ピラニー真空計	81
ピンチ効果	189

ふ

ファラデー	3
ファラデー暗部	9, 166, 169
フェルミレベル	67
フォトン	7
複合光電面	72
負グロー	166, 168
フーコー	2
付着	141
付着確率	141
付着係数	142
物理原子量	50
フライバック	108
ブラウン	11, 102
ブラウン管	11
ブラウン管オシロスコープ	102
ブラシコロナ	157
プラズマ	170
——の空間電位	204
プラズマCVD	14, 221
プラズマ重合	14, 222
プラズマ診断	204
プラズマ振動	199
プラズマディスプレイ	14
プラズマパラメータ	204

プラズマ溶射	223
プランク	7
——の式	47
プランク定数	38, 45
フランクリン	8
プリュッカー	4
フレネル	2
フレミング	11
プローブ法	204
分割陽極形マグネトロン	12
分子	120
分子密度	121

へ

平均自由行程	125
平均速度	122
ヘッドオン方式	76
ペニング	10
ペニング効果	139, 208
ヘルツ	3
ヘルムホルツ	3
偏向電極	102
偏向板	102

ほ

ボーア	8, 56
——の原子模型	8, 56
ボーア半径	132
ポアソンの方程式	25
ホイヘンス	2
ボイル・シャルルの法則	120
方位量子数	51
放射	40
放射再結合	140
放射能	40
放電維持電圧	153
放電開始電圧	165
放電自続の式	10
放電物理学	1
保護抵抗	165
払子コロナ	157
ポテンシャルエネルギー	20

ボルタ	3
ボルツマン定数	62, 121
ボルツマン分布	46, 216
本多侃士	157
ポンピング	216

ま

膜状コロナ	156
マグネトロン	12
マグネトロン放電	14
マックスウェル	3, 121
マックスウェル分布則	122
マックスウェル方程式	3
マッハ数	203
マノメータ	81
マルコーニ	3

み

| ミリカン | 6, 30 |

む

| 無秩序運動 | 121 |

め

| メタライゼーション技術 | 119 |
| メタルハライドランプ | 210 |

も

| モノマー | 222 |

や

| ヤング | 2 |

ゆ

誘導吸収	214
誘導結合形	178
誘導放出	215

よ

陽極グロー	166, 178
陽極コロナ	154
陽極点	192

陽光柱	166,170	
陽　子	49	
容量結合形	178	

ら

ラザフォード	8,55
ラプラスの方程式	25
ラボアジェ	3
ラーマー半径	88
ラングミュアー	13,63,196
ランジェバン	143
——の式	143

り

リサージュ図形	106
リチャードソン	62
リチャードソン-ダッシュマンの式	62
リッツ	40
リヒテンベルグ	8
リヒテンベルグ図形	9
リュードベリ定数	59
両極性拡散	170
両極性拡散係数	171
量　子	7,45
量子効率	71
量子数	51
量子力学	7

る

累積電離	138
ルスカ	12

れ

冷陰極アーク	187
励　起	136
励起確率	136
励起準位	136
励起状態	58,136
励起断面積	136
励起電圧	136
レーザ光	214
レーリー	7
連続X線	115
連続スペクトル	55
レントゲン	12

ろ

ロエブ	10
ロータリーポンプ	79
ローレンツの式	34
ローレンツ力	29,88

わ

ワット	3

α作用	133	
Ayrton式	193	
He-Neレーザ	217	
L陰極	66	
MgO膜	219	
U字形マノメータ	81	
X線	12,114	
X線管	12	

―― 著者略歴 ――
1963 年　東京電機大学工学部電子工学科卒業
1966 年　東京電機大学大学院修士課程修了（電気工学専攻）
1969 年　東京電機大学大学院博士課程修了（電気工学専攻）
1974 年　東京電機大学助教授
1979 年　工学博士（名古屋大学）
1980 年　York 大学（カナダ）物理学科客員準教授
1980 年　McMaster 大学（カナダ）物理工学科客員準教授
1981 年　東京電機大学教授
1998 年〜
2005 年　東京電機大学短期大学学長
2011 年　東京電機大学名誉教授
2016 年　瑞宝中綬章授章

照明学会会員，電気学会終身会員，数理科学会名誉会員

気体エレクトロニクス
Gaseous Electronics　　　　　　　　　　　　　　　　© Teruo Kaneda　2003

2003 年 1 月 30 日　初版第 1 刷発行
2018 年 7 月 10 日　初版第 7 刷発行

| 検印省略 |

著　　者　　金　田　輝　男
発 行 者　　株式会社　コロナ社
　　　　　　代 表 者　牛来真也
印 刷 所　　新日本印刷株式会社
製 本 所　　有限会社　愛千製本所

112-0011　東京都文京区千石 4-46-10
発行所　　株式会社　コロナ社
CORONA PUBLISHING CO., LTD.
Tokyo Japan
振替 00140-8-14844・電話 (03) 3941-3131 (代)
ホームページ　http://www.coronasha.co.jp

ISBN 978-4-339-00745-9　C3054　Printed in Japan　　　　　（楠本）

<出版者著作権管理機構　委託出版物>
本書の無断複製は著作権法上での例外を除き禁じられています。複製される場合は，そのつど事前に，出版者著作権管理機構（電話 03-3513-6969，FAX 03-3513-6979，e-mail: info@jcopy.or.jp）の許諾を得てください。

本書のコピー，スキャン，デジタル化等の無断複製・転載は著作権法上での例外を除き禁じられています。購入者以外の第三者による本書の電子データ化及び電子書籍化は，いかなる場合も認めていません。
落丁・乱丁はお取替えいたします。

大学講義シリーズ

(各巻A5判,欠番は品切です)

配本順			頁	本体
(2回)	通信網・交換工学	雁部 頴一著	274	3000円
(3回)	伝 送 回 路	古賀 利郎著	216	2500円
(4回)	基礎システム理論	古田・佐野共著	206	2500円
(7回)	音 響 振 動 工 学	西山 静男他著	270	2600円
(10回)	基礎電子物性工学	川辺 和夫他著	264	2500円
(11回)	電 磁 気 学	岡本 允夫著	384	3800円
(12回)	高 電 圧 工 学	升谷・中田共著	192	2200円
(14回)	電 波 伝 送 工 学	安達・米山共著	304	3200円
(15回)	数 値 解 析 (1)	有本 卓著	234	2800円
(16回)	電 子 工 学 概 論	奥田 孝美著	224	2700円
(17回)	基 礎 電 気 回 路 (1)	羽鳥 孝三著	216	2500円
(18回)	電 力 伝 送 工 学	木下 仁志他著	318	3400円
(19回)	基 礎 電 気 回 路 (2)	羽鳥 孝三著	292	3000円
(20回)	基 礎 電 子 回 路	原田 耕介他著	260	2700円
(22回)	原 子 工 学 概 論	都甲・岡共著	168	2200円
(23回)	基礎ディジタル制御	美多 勉他著	216	2400円
(24回)	新 電 磁 気 計 測	大照 完他著	210	2500円
(26回)	電子デバイス工学	藤井 忠邦著	274	3200円
(28回)	半導体デバイス工学	石原 宏著	264	2800円
(29回)	量 子 力 学 概 論	権藤 靖夫著	164	2000円
(30回)	光・量子エレクトロニクス	藤岡・小原 齊藤 共著	180	2200円
(31回)	ディジタル回路	高橋 寛他著	178	2300円
(32回)	改訂回 路 理 論 (1)	石井 順也著	200	2500円
(33回)	改訂回 路 理 論 (2)	石井 順也著	210	2700円
(34回)	制 御 工 学	森 泰親著	234	2800円
(35回)	新版 集積回路工学 (1) ――プロセス・デバイス技術編――	永田・柳井共著	270	3200円
(36回)	新版 集積回路工学 (2) ――回路技術編――	永田・柳井共著	300	3500円

以下続刊

電 気 機 器 学	中西・正田・村上共著	電気・電子材料	水谷 照吉他著
半 導 体 物 性 工 学	長谷川英機他著	情報システム理論	長谷川・高橋・笠原共著
数 値 解 析 (2)	有本 卓著	現代システム理論	神山 真一著

定価は本体価格+税です。
定価は変更されることがありますのでご了承下さい。

図書目録進呈◆

電気・電子系教科書シリーズ

(各巻A5判)

- ■編集委員長　高橋　寛
- ■幹　　　事　湯田幸八
- ■編集委員　江間　敏・竹下鉄夫・多田泰芳
　　　　　　　中澤達夫・西山明彦

配本順		書名	著者	頁	本体
1.	(16回)	電 気 基 礎	柴田尚志・皆藤新芳・田中泰志 共著	252	3000円
2.	(14回)	電 磁 気 学	多田泰芳・柴田尚志 共著	304	3600円
3.	(21回)	電 気 回 路 Ⅰ	柴田尚志 著	248	3000円
4.	(3回)	電 気 回 路 Ⅱ	遠藤　勲・鈴木靖純・吉村純雄 編著	208	2600円
5.	(27回)	電気・電子計測工学	吉澤昌純・降矢典雄・福田和恵・高﨑和拓・西明彦・和己 共著	222	2800円
6.	(8回)	制 御 工 学	下西二郎・奥平鎮正・青木　立 共著	216	2600円
7.	(18回)	ディジタル制御	西堀俊幸 著	202	2500円
8.	(25回)	ロボット工学	白水俊次 著	240	3000円
9.	(1回)	電子工学基礎	中澤達夫・藤原勝幸 共著	174	2200円
10.	(6回)	半 導 体 工 学	渡辺英夫 著	160	2000円
11.	(15回)	電気・電子材料	中澤達夫・押山　服部 共著	208	2500円
12.	(13回)	電 子 回 路	須田健二・土田英一 共著	238	2800円
13.	(2回)	ディジタル回路	伊原充博・若海弘夫・吉室賀純・寺下　巌 共著	240	2800円
14.	(11回)	情報リテラシー入門	山下　　山	176	2200円
15.	(19回)	C++プログラミング入門	湯田幸八 著	256	2800円
16.	(22回)	マイクロコンピュータ制御プログラミング入門	柚賀正光・千代谷慶 共著	244	3000円
17.	(17回)	計算機システム(改訂版)	春日　健・舘泉雄治 共著	240	2800円
18.	(10回)	アルゴリズムとデータ構造	湯田幸八・伊原充博 共著	252	3000円
19.	(7回)	電気機器工学	前田　勉・新谷邦弘・江間　敏 共著	222	2700円
20.	(9回)	パワーエレクトロニクス	江間　敏・甲斐隆章 共著	202	2500円
21.	(28回)	電 力 工 学(改訂版)	江間　敏・甲斐隆章 共著	296	3000円
22.	(5回)	情 報 理 論	三木成彦・吉川英機 共著	216	2600円
23.	(26回)	通 信 工 学	竹下鉄夫・吉川英夫 共著	198	2500円
24.	(24回)	電 波 工 学	松宮豊克・岡部正久 共著	238	2800円
25.	(23回)	情報通信システム(改訂版)	桑原裕史・岡正史 共著	206	2500円
26.	(20回)	高 電 圧 工 学	植月唯夫・松原孝史・箕田充志 共著	216	2800円

定価は本体価格+税です。
定価は変更されることがありますのでご了承下さい。

◆図書目録進呈◆

電子情報通信レクチャーシリーズ

■電子情報通信学会編　　　（各巻B5判）

共通

	配本順			頁	本体
A-1	（第30回）	電子情報通信と産業	西村吉雄 著	272	4700円
A-2	（第14回）	電子情報通信技術史 ―おもに日本を中心としたマイルストーン―	「技術と歴史」研究会 編	276	4700円
A-3	（第26回）	情報社会・セキュリティ・倫理	辻井重男 著	172	3000円
A-4		メディアと人間	原島博・北川高嗣 共著		
A-5	（第6回）	情報リテラシーとプレゼンテーション	青木由直 著	216	3400円
A-6	（第29回）	コンピュータの基礎	村岡洋一 著	160	2800円
A-7	（第19回）	情報通信ネットワーク	水澤純一 著	192	3000円
A-8		マイクロエレクトロニクス	亀山充隆 著		
A-9		電子物性とデバイス	益一哉・天川修平 共著		

基礎

	配本順			頁	本体
B-1		電気電子基礎数学	大石進一 著		
B-2		基礎電気回路	篠田庄司 著		
B-3		信号とシステム	荒川薫 著		
B-5	（第33回）	論理回路	安浦寛人 著	140	2400円
B-6	（第9回）	オートマトン・言語と計算理論	岩間一雄 著	186	3000円
B-7		コンピュータプログラミング	富樫敦 著		
B-8	（第35回）	データ構造とアルゴリズム	岩沼宏治 他著	208	3300円
B-9		ネットワーク工学	仙田和裕・石村敬・田中野介 共著		
B-10	（第1回）	電磁気学	後藤尚久 著	186	2900円
B-11	（第20回）	基礎電子物性工学 ―量子力学の基本と応用―	阿部正紀 著	154	2700円
B-12	（第4回）	波動解析基礎	小柴正則 著	162	2600円
B-13	（第2回）	電磁気計測	岩﨑俊 著	182	2900円

基盤

	配本順			頁	本体
C-1	（第13回）	情報・符号・暗号の理論	今井秀樹 著	220	3500円
C-2		ディジタル信号処理	西原明法 著		
C-3	（第25回）	電子回路	関根慶太郎 著	190	3300円
C-4	（第21回）	数理計画法	山下信雄・福島雅夫 共著	192	3000円
C-5		通信システム工学	三木哲也 著		
C-6	（第17回）	インターネット工学	後藤滋樹・外山勝保 共著	162	2800円
C-7	（第3回）	画像・メディア工学	吹抜敬彦 著	182	2900円

	配本順			頁	本体
C-8	(第32回)	音声・言語処理	広瀬啓吉著	140	2400円
C-9	(第11回)	コンピュータアーキテクチャ	坂井修一著	158	2700円
C-10		オペレーティングシステム			
C-11		ソフトウェア基礎	外山芳人著		
C-12		データベース			
C-13	(第31回)	集積回路設計	浅田邦博著	208	3600円
C-14	(第27回)	電子デバイス	和保孝夫著	198	3200円
C-15	(第8回)	光・電磁波工学	鹿子嶋憲一著	200	3300円
C-16	(第28回)	電子物性工学	奥村次徳著	160	2800円

展開

	配本順			頁	本体
D-1		量子情報工学	山崎浩一著		
D-2		複雑性科学			
D-3	(第22回)	非線形理論	香田徹著	208	3600円
D-4		ソフトコンピューティング			
D-5	(第23回)	モバイルコミュニケーション	中川正雄 大槻知明 共著	176	3000円
D-6		モバイルコンピューティング			
D-7		データ圧縮	谷本正幸著		
D-8	(第12回)	現代暗号の基礎数理	黒澤馨 尾形わかは 共著	198	3100円
D-10		ヒューマンインタフェース			
D-11	(第18回)	結像光学の基礎	本田捷夫著	174	3000円
D-12		コンピュータグラフィックス			
D-13		自然言語処理	松本裕治著		
D-14	(第5回)	並列分散処理	谷口秀夫著	148	2300円
D-15		電波システム工学	唐沢好男 藤井威生 共著		
D-16		電磁環境工学	徳田正満著		
D-17	(第16回)	ＶＬＳＩ工学 ―基礎・設計編―	岩田穆著	182	3100円
D-18	(第10回)	超高速エレクトロニクス	中村徹 三島友義 共著	158	2600円
D-19		量子効果エレクトロニクス	荒川泰彦著		
D-20		先端光エレクトロニクス			
D-21		先端マイクロエレクトロニクス			
D-22		ゲノム情報処理	高木利久 小池麻子 編著		
D-23	(第24回)	バイオ情報学 ―パーソナルゲノム解析から生体シミュレーションまで―	小長谷明彦著	172	3000円
D-24	(第7回)	脳工学	武田常広著	240	3800円
D-25	(第34回)	福祉工学の基礎	伊福部達著	236	4100円
D-26		医用工学			
D-27	(第15回)	ＶＬＳＩ工学 ―製造プロセス編―	角南英夫著	204	3300円

定価は本体価格+税です。
定価は変更されることがありますのでご了承下さい。

◆図書目録進呈◆

電子情報通信学会 大学シリーズ

（各巻A5判，欠番は品切です）

■電子情報通信学会編

	配本順			頁	本体
A-1	(40回)	応用代数	伊藤 理重 正夫 悟 共著	242	3000円
A-2	(38回)	応用解析	堀内 和夫著	340	4100円
A-3	(10回)	応用ベクトル解析	宮崎 保光著	234	2900円
A-4	(5回)	数値計算法	戸川 隼人著	196	2400円
A-5	(33回)	情報数学	廣瀬 健著	254	2900円
A-6	(7回)	応用確率論	砂原 善文著	220	2500円
B-1	(57回)	改訂 電磁理論	熊谷 信昭著	340	4100円
B-2	(46回)	改訂 電磁気計測	菅野 允著	232	2800円
B-3	(56回)	電子計測（改訂版）	都築 泰雄著	214	2600円
C-1	(34回)	回路基礎論	岸 源也著	290	3300円
C-2	(6回)	回路の応答	武部 幹著	220	2700円
C-3	(11回)	回路の合成	古賀 利郎著	220	2700円
C-4	(41回)	基礎アナログ電子回路	平野 浩太郎著	236	2900円
C-5	(51回)	アナログ集積電子回路	柳沢 健著	224	2700円
C-6	(42回)	パルス回路	内山 明彦著	186	2300円
D-2	(26回)	固体電子工学	佐々木 昭夫著	238	2900円
D-3	(1回)	電子物性	大坂 之雄著	180	2100円
D-4	(23回)	物質の構造	高橋 清著	238	2900円
D-5	(58回)	光・電磁物性	多田 邦雄 松本 俊 共著	232	2800円
D-6	(13回)	電子材料・部品と計測	川端 昭著	248	3000円
D-7	(21回)	電子デバイスプロセス	西永 頌著	202	2500円
E-1	(18回)	半導体デバイス	古川 静二郎著	248	3000円
E-3	(48回)	センサデバイス	浜川 圭弘著	200	2400円
E-4	(60回)	新版 光デバイス	末松 安晴著	240	3000円
E-5	(53回)	半導体集積回路	菅野 卓雄著	164	2000円
F-1	(50回)	通信工学通論	畔柳 功 塩谷 芳光 共著	280	3400円
F-2	(20回)	伝送回路	辻井 重男著	186	2300円

配本順			頁	本体
F-4 (30回)	通　信　方　式	平松啓二著	248	3000円
F-5 (12回)	通信伝送工学	丸林　　元著	232	2800円
F-7 (8回)	通信網工学	秋山　　稔著	252	3100円
F-8 (24回)	電磁波工学	安達三郎著	206	2500円
F-9 (37回)	マイクロ波・ミリ波工学	内藤喜之著	218	2700円
F-11 (32回)	応用電波工学	池上文夫著	218	2700円
F-12 (19回)	音　響　工　学	城戸健一著	196	2400円
G-1 (4回)	情　報　理　論	磯道義典著	184	2300円
G-3 (16回)	ディジタル回路	斉藤忠夫著	218	2700円
G-4 (54回)	データ構造とアルゴリズム	斎藤信男 西原清一 共著	232	2800円
H-1 (14回)	プログラミング	有田五次郎著	234	2100円
H-2 (39回)	情報処理と電子計算機（「情報処理通論」改題新版）	有澤　　誠著	178	2200円
H-7 (28回)	オペレーティングシステム論	池田克夫著	206	2500円
I-3 (49回)	シミュレーション	中西俊男著	216	2600円
I-4 (22回)	パターン情報処理	長尾　　真著	200	2400円
J-1 (52回)	電気エネルギー工学	鬼頭幸生著	312	3800円
J-4 (29回)	生　体　工　学	斎藤正男著	244	3000円
J-5 (59回)	新版画像工学	長谷川　伸著	254	3100円

以下続刊

C-7	制御理論	D-1	量子力学	
F-3	信号理論	F-6	交換工学	
G-5	形式言語とオートマトン	G-6	計算とアルゴリズム	
J-2	電気機器通論			

定価は本体価格+税です。
定価は変更されることがありますのでご了承下さい。

図書目録進呈◆

映像情報メディア基幹技術シリーズ

(各巻A5判)

■映像情報メディア学会編

		編著者	頁	本体
1.	音声情報処理	春日林田船武正哲伸哉男男二共著	256	3500円
2.	ディジタル映像ネットワーク	羽片鳥山好律頼明編著	238	3300円
3.	画像LSIシステム設計技術	榎本忠儀編著	332	4500円
4.	放送システム	山田宰編著	326	4400円
5.	三次元画像工学	佐佐藤本甲斐橋本高野直己邦彦誠葵共著	222	3200円
6.	情報ストレージ技術	沼梅奥田川喜連澤本仁田潤益治二雄雄優共著	216	3200円
7.	画像情報符号化	貴吉鈴田木家本仁俊輝明彦敏志之彦編著	256	3500円
8.	画像と視覚情報科学	三畑橋田野哲豊澄雄彦男共著	318	5000円
9.	CMOSイメージセンサ	相浜澤本清隆晴之編著	282	4600円

高度映像技術シリーズ

(各巻A5判)

■編集委員長　安田靖彦
■編集委員　岸本登美夫・小宮一三・羽鳥好律

		編著者	頁	本体
1.	国際標準画像符号化の基礎技術	小野渡辺文孝裕共著	358	5000円
2.	ディジタル放送の技術とサービス	山田宰編著	310	4200円

以下続刊

高度映像の入出力技術	小宮・廣橋上平・山口共著
高度映像のヒューマンインターフェース	安西・小川・中内共著
高度映像とメディア技術	岸本登美夫他著
次世代の映像符号化技術	金子・太田共著
高度映像の生成・処理技術	佐藤・高橋・安生共著
高度映像とネットワーク技術	島村・小寺・中野共著
高度映像と電子編集技術	小町　祐史著
次世代映像技術とその応用	

定価は本体価格+税です。
定価は変更されることがありますのでご了承下さい。

図書目録進呈◆

光エレクトロニクス教科書シリーズ

(各巻A5判，欠番は品切です)

コロナ社創立70周年記念出版 〔創立1927年〕
■企画世話人　西原　浩・神谷武志

配本順			頁	本体
1.(8回)	新版 光エレクトロニクス入門	西原　浩・裏　升吾 共著	222	2900円
2.(2回)	光　波　工　学	栖原　敏明著	254	3200円
3.	光デバイス工学	小山　二三夫著		
4.(3回)	光通信工学(1)	羽鳥光俊監修／青山友紀／小林郁太郎編著	176	2200円
5.(4回)	光通信工学(2)	羽鳥光俊監修／青山友紀／小林郁太郎編著	180	2400円
6.(6回)	光　情　報　工　学	黒川隆志／滝沢國春／徳丸敏／渡邊樹英 共編著	226	2900円

フォトニクスシリーズ

(各巻A5判，欠番は品切です)

■編集委員　伊藤良一・神谷武志・柊元　宏

配本順			頁	本体
1.(7回)	先端材料光物性	青柳克信他著	330	4700円
3.(6回)	太　陽　電　池	濱川圭弘編著	324	4700円
13.(5回)	光導波路の基礎	岡本勝就著	376	5700円

以 下 続 刊

2.	光ソリトン通信	中沢　正隆著	5.	短波長レーザ	中野　一志他著
7.	ナノフォトニックデバイスの基礎とその展開	荒川　泰彦編著	8.	近接場光学とその応用	河田　聡他著
10.	エレクトロルミネセンス素子		11.	レーザと光物性	
14.	量子効果光デバイス	岡本　紘監修			

定価は本体価格+税です。
定価は変更されることがありますのでご了承下さい。

図書目録進呈◆

コロナ社創立90周年記念出版〔創立1927年〕

真空科学ハンドブック

日本真空学会 編
B5判／590頁／本体20,000円／箱入り上製本

委 員 長：荒川　一郎（学習院大学）
委　　員：秋道　　斉（産業技術総合研究所）
（五十音順）　稲吉さかえ（株式会社アルバック）
　　　　　橘内　浩之（元株式会社日立ハイテクノロジーズ）
　　　　　末次　祐介（高エネルギー加速器研究機構）
　　　　　鈴木　基史（京都大学）
　　　　　高橋　主人（元大島商船高等専門学校）
　　　　　土佐　正弘（物質・材料研究機構）
　　　　　中野　武雄（成蹊大学）
　　　　　福田　常男（大阪市立大学）
　　　　　福谷　克之（東京大学）
　　　　　松田七美男（東京電機大学）
　　　　　松本　益明（東京学芸大学）

　真空の基礎科学から作成・計測・保持する技術に関わる科学的基礎を解説。また，成膜，プラズマプロセスなどの応用分野で真空環境の役割を説き，極高真空などのこれまでにない真空環境が要求される研究・応用への取組みなどを紹介。

【目　次】

0. 真空科学・技術の歴史
　0.1 真空と気体の科学／0.2 真空ポンプ／0.3 圧力の測定／0.4 真空科学・技術の現在と将来
1. 真空の基礎科学
　1.1 希薄気体の分子運動／1.2 希薄気体の輸送現象／1.3 希薄気体の流体力学／
　1.4 気体と固体表面／1.5 固体表面・内部からの気体放出／1.6 関連資料
2. 真空用材料と構成部品
　2.1 真空容器材料／2.2 真空用部品材料と表面処理／2.3 接合技術・材料／2.4 真空封止／
　2.5 真空用潤滑材料／2.6 運動操作導入／2.7 電気信号導入／2.8 洗浄／2.9 ガス放出データ
3. 真空の作成
　3.1 真空の作成手順／3.2 真空ポンプ／3.3 排気プロセス／3.4 排気速度とコンダクタンス／
　3.5 リーク検査
4. 真空計測
　4.1 全圧真空計／4.2 質量分析計，分圧真空計／4.3 流量計，圧力制御／
　4.4 真空計測の誤差の要因と対策／4.5 真空計を用いた気体流量の計測システム／4.6 校正と標準
5. 真空システム
　5.1 実験研究用超高真空装置／5.2 大型真空装置／5.3 産業用各種生産装置
6. 真空の応用
　6.1 薄膜作製／6.2 プラズマプロセス／6.3 表面分析

定価は本体価格+税です。
定価は変更されることがありますのでご了承下さい。

図書目録進呈◆